# 습지주의자

김산하

반쯤 잠긴 무대에는
특별한 것이 있다

# 습지주의자

이 책의 제목인 『습지주의자』의 '습지주의'는

페르난두 페소아(Fernando Pessoa)의 시 「습지들」,

그리고 이와 연관 지어 그가 만든 문학 사조인 '습지주의' 또는 '늪주의'에서

따온 것이다. 「습지들」은 다음의 책에 번역·수록되어 있다.

페르난두 페소아, 김한민 옮김,

『내가 얼마나 많은 영혼을 가졌는지(*Cancioneiro*)』,

문학과지성사, 2018년.

# 차례

# 1장

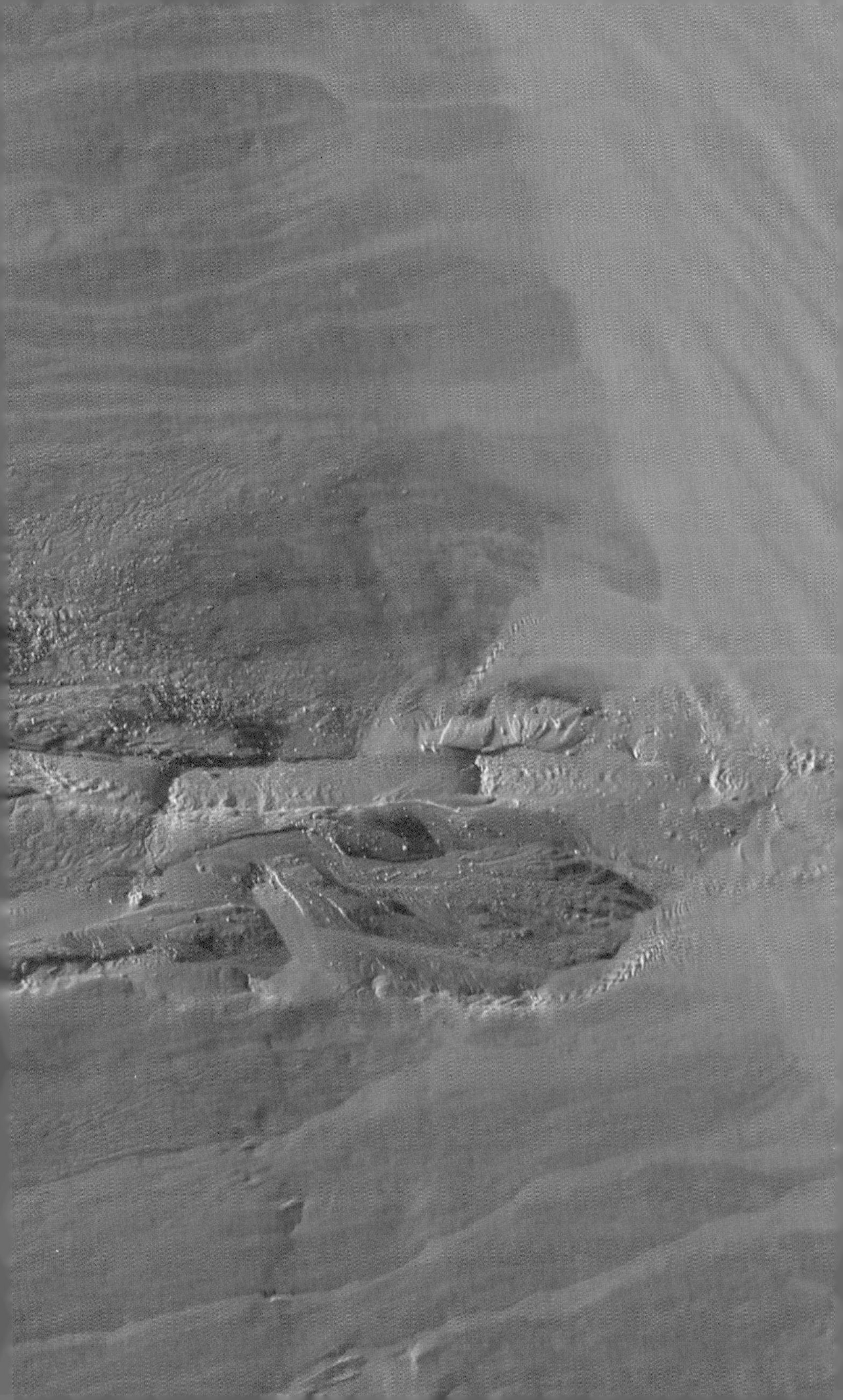

내 인생의 황금기는 어린 시절 토요일 낮이었다. 학교를 아예 쉬었다면 더 좋았겠지만, 오전 수업만 하는 것도 나름의 맛이 있었다. 남은 반나절을 어떻게 보낼지 궁리하는 시간을 얻은 셈이기 때문이다. 오늘은 과연 무엇을 하면서 놀까? 중차대한 화두를 스스로에게 던지는 날이었다. 이 장난감이 좋을지, 저 장난감을 갖고 놀 때가 된 것인지. 잠시 미뤄 두었던 아프리카 동물 그리기는? 아니면 밖으로 나가 덤불과 나무 사이를 점검할 필요도 있는데 말이야. 열려 있는 수많은 가능성을 충분한 시간을 두고 흡족하게 훑다가, 점심 시간쯤 두세 개로 최종 후보 목록을 추리곤 했다. 면밀한 후보의 선발, 세심한 심사의 과정 그리고 마지막 선정의 영예! 따스한 햇살을 벗 삼아 그날의 놀 거리와 함께 그토록 충만했던 나날들. 삶의 극상이었던 이 토요일 오후의 느낌은 한참 시간이 지난 후에도 명료하다.

지금은? 물론 그때만 못하다. 어린 시절보다 나은 어른 시절이라는 것이 과연 있을까. 웬만한 경우를 제외하고 말이다. 말이 좋아 성장이고 철드는 것이지, 사실은 그냥 지루해질 뿐이다. 지루한 성인끼리 만나 지루한 주제로 장시간을 허비하는 것처럼 지루한 일은 없다. 한 문장에 같은 단어를 세 번이나 써도 모자랄 정도로. 그렇지만 전형적인 어른이 되지 않기란 쉬운 일이 아니다. 살면서 이 보편적인 경향을 비껴가기 위해 나름 노력했지만, 나라고 완전히 예외일 수는 없었다. 뭐랄까, 약간의 '쇠퇴'가 있었다고나 할까? 신체적인 영역 말고 심리적인 영역의 이야기이다. 수년 동안 그저 있는 것만으로도 일어나는 어떤 불가피한 변화, 경험이라는 것에 따르는 일종의 소모 말이다. 신경계도 반복해서 사용하는 이상 아무래도 성능이 질적으로 저하될 수밖에. 반응은 여전히 빨라도 뉴런이 전달하는 신호 자체가 덜 신선한 상태를 상상하면 비슷할 듯하다. 예전의 토요일 같은 순간이 지금은 무엇에 해당하느냐고 묻는다면 아마 선뜻 대답하기 어려울 것이다. 어디 보자, 음……. 내 속에 자리 잡은 온갖 다양한 호불호의 지형에도 불구하고 그토록 단순하고 선명한 즐거움을 꼽으라면, 글쎄. 없다고 하는 편이 맞겠네. 하지만 이 정도면 아직 괜찮은 편이다. 적어도 무엇을 잃고 있는지 감이라도 있는 것이니까. 이 점에 대해서는 내게도 자부심이 있다. 삶과 시간의 흐름을 가만히 지켜보면서 산다는 점이, 특별히 겉으로 내세우지는 않아도 속으로는 으뜸으로 꼽는 나의 대표적인 특징이자 장점이다.

호름. 그것은 나의 키워드이다. 우선 단어의 생김새부터 마음에 든다. 모음과 자음 모두 가로가 두드러지는 요소들의 조합이라 마치 상형 문자처럼 무언가 수평으로 흘러가는 모습을 형상화한 것만 같다. 입술을 거의 벌리지 않고서도 발음할 수 있는 말인 것도 좋다. 입 모양이 대부분 일(一)자라 그저 턱에 힘만 살짝 빼고 공기를 내쉬면서 '흐'를, 그 날숨 바람에 도는 바람개비처럼 혀를 굴려 '름'을 만들면 된다. 그리고 잘 흐른다는 것은 하나같이 모두 좋은 의미를 지닌다. 강, 혈액, 현금, 교통, 음악, 몸동작 등. 아마도 콸콸 쏟아지는 것과 죽은 듯 정지한 것 사이의 속도나 움직임을 말

하는 것이리라. 약간의 기울기나 동력으로 일어나는, 미끄러지듯 진행하는 물질의 이동, 이 현상에 대한 애착과 로망이 나에게 있었다. 물론 이런 이유들을 처음부터 자각하고 있던 것은 아니다. 무슨 이유에서인지 무언가 흐른다는 현상이 좋았는데, 나중에 커서 보니 각종 분석이 가능하다는 사실을 깨달았던 것이다. 어쨌든 나는 어떤 흐름 속에 사는 존재로 스스로를 여기며 지내 왔다. 아니 지금도 그렇게 지내고 있다. 흐름의 현재 진행형으로.

"어서 오세요."

가게 문이 열리자마자 자동적으로 말이 튀어나왔다. 아르바이트를 하면서 몸에 익힌 것이라고는 고작 이 인사 하나뿐. 다른 일은 아무리 해도 서투르거나 다소 무성의한 수준을 벗어나지 못한 것을 보면 나는 천성적으로 서비스업에 맞는 사람이 아니다. 하지만 누구는 세상일이 잘 맞아서 하나? 정말로 하고 싶은 제대로 된 일을 찾는 동안 무엇이라도 할 요량으로 잡은 기회였다. 대부분 '님' 자가 안 어울리는 손님들을 상대하는 일은 별로이지만 인사로써 나와 이 공간의 질서를 방문자에게 알리는 행위는 희한하게도 할 만했다.

"주문하신 음료 나왔습니다."

처음에는 망설였었다. 소위 사회 생활도 전혀 능숙하지 않은 내가 매일같이 낯선 사람들을 마주해야 한다는 사실 자체가 거북했다. 하지만 '에라 모르겠다.'며 시작한 첫날부터 그것이 기우라는 것을 깨달았다. 아무도 아무와 마주하지 않으니까. 계산대로 접근하는 사람 중에 점원과 제대로 눈을 마주치는 사람은 무척 적다. 다들 어디 애먼 곳의 먼 산을 향해 시큰둥한 주문을 외울 뿐이다. 따라서 나도 기계처럼 정해진 말만 반복 재생해도 의사 소통은 원활하고 시스템은 굴러간다. 물론 진상은 예외이다. 이 부류야 어느 범주 어느 맥락에서도 예외이다. 요즘 하도 그 수가 많아져서 그렇지.

"안녕히 가세요."

규모가 크고 왕래가 잦은 곳이었다면 애초에 일할 생각을 안 했을 것이다. 인적은 뜸하고 크기는 아담하고 음악도 잔잔해서 딱 한 번 가 보고 기억해 둔 곳이었다. 사실 무엇보다 인상적이었던 것은 장난감을 비롯해서 카페 내부를 채운 각종 잡동사니였다. 각종 인형과 피겨, 자동차와 비행기, 크고 작은 조립식 변신 로봇, 레고 세트 등 범위가 실로 다양했다. 이런 사람을 두고 마니아라 하는구나. 말로만 듣던 존재를 처음으로 직접 목격한 기분이었다. 반은 장식용, 반은 판매용으로 비치된 모양이었지만 구분이 모호해서 실제로 팔리는 물건은 거의 없었다. 나는 이것이 사장님의 의도라고 확신했다. 막상 팔려고 하면 다 아깝게 보는 그런 속내의 소유자. 상행위는 그저 시늉일 뿐, 카페를 거의 개인 소장품의 전용 갤러리로 사용하고 있는 것이 분명했다. 한국에서 보기 드물게 장사에 집착적인 관심이 없는 전반적인 경영 스타일이 나의 가설을 뒷받침해 주었다. 사정이 어떻든 이 물건들 덕분에 일하는 동안, 아니 일거리가 없는 동안 시선을 둘 곳은 아주 충분했다. 평소에 하지도 않던 아르바이트를 감행하기로 마음먹도록 결정의 마지막 고비를 넘기게 해 준 것은 바로 이 점이었다. 저것들을 물끄러미 감상하고 있다 보면 시간이 잘 가겠다 싶어서였다.

물론 물건만큼이나 사람도 훌륭한 구경거리이다. 그러나 일하면서 또 하나 깨달은 바가 있다. 부정적인 의미가 아니면서도, 관찰할 가치가 있을 정도로 정말 흥미로운 사람은 극히 소수라는 사실이다. 완전 '또라이'들도 물론 신기하기는 하다. 하지만 보면 볼수록 화만 치미는 골칫덩어리들이지, 궁금해서 풀고 싶은 수수께끼들은 아니다. 게다가 모두 자신의 모바일 기기에 항시 얼굴을 처박고 있는 판에, 이야기가 있어 보이는 이는 가뭄에 콩 나듯 한다. 그래. 막상 이야기해 보면 다르겠지. 적어도 겉으로는 그렇게 보인다는 것이다.

대신 나는 그들의 물건을 보았다. 무엇을 갖고 다니는지, 무슨 책을 보는지. 대단히 특기할 만한 것들이 종종 발견되어서는 아니었다. 희한한 물건이 가득한 공간의 특성으로 인해 사물을 보는 눈이 평소보다 살아나기 때문인지, 다른 곳에서라면 무심코 지나칠 디테일이 눈에 들어오는 경우가 제법 있었다. 가령 노트북 겉면에 붙어 있는 각종 스티커나 가방에 달린 배지 같은 것들을 포착하게 된다는 것이다. 자신이 선택해서 자신의 삶으로 영입시킨 물건이라는 점에서 그것들은 상점에 진열된 상품과 구별된다. 같은 의미에서 우리 가게의 물건들도 보는 재미가 있는 것인지 모르겠다. 어쨌든 누군가의 손길을 거쳐 한자리에 모인 것들이니까.

웅성웅성. 유일하게 푹신한 2인용 소파가 일반 의자 두어 개와 함께 마련된 자리에서 이야기 소리가 들려왔다. 보아하니 회의를 하러 들어온 무리였다. 일반 수다와는 달리 회의는 이상하게 신경을 끄는 힘이 있다. 간단히 끝날 말을 길게 돌려 말할 때에는 심판관처럼 난데없이 관여해서 상황을 정리해 주고 싶게끔 만든다. 본의 아니게 남의 회의에 귀를 쫑긋 세우는 것은 정말 내 의지와 무관하다. 누구처럼 귓바퀴를 접어 닫을 수만 있다면.

"수달이랑 오리랑 거북은 괜찮은데 물고기가 좀 애매해."

어라. 이거 흥미로운 주제인데. 보통 회의에서 잘 등장하지 않는 단어들이 한 문장에 대거 포진해 있지 않은가. 딸그락 딸그락. 물건을 들었다 놓았다 하는 소리가 나는 것을 보면 무언가를 갖고 이야기하고 있는 것이 틀림없었다. 저건 한번 확인해 봐야겠는데. 아르바이트를 하며 개발한, 안 보는 척 지나가면서 슬쩍 염탐하는 특기는 이럴 때 사용하라고 있는 것이다.

아니나 다를까, 세 명이 머리를 맞대고 있는 낮은 탁자에는 수달과 오리와 거북 그리고 물고기가 놓여 있었다. 작은 모형이라 평소 같으면 눈에 잘 띄지도 않았겠지만, 무엇을 보게 될지 예상하고 간 터라 준비된 상(像)에 정확히 들어맞았다. 네 마리의 동물이 주제인 이 회의의 정체는 무엇이며 대체 물고기는 왜 애매한 것일까? 절대로 답을 얻을 수 없는 질문을 품고 계산대 뒤로 돌아왔다. 가만있자. 혹시 저거, 사장님 물건은 아닌가? 그것은 분명히 아니었다. 물건이 하나 없어져도 모를 수는 있어도, 원래 있었던 것인지 아닌지는 분간할 정도의 짬밥은 되었다. 저런 것을 직접 들고 다니는 모처럼 재미있는 손님들이구먼. 컴퓨터나 모바일 기기 등 전자 기기도, 생활 필수품도 아닌 소지품은 신선한 반가움을 자아낸다.

삼인방 중 목소리가 가장 큰 사람의 말을 띄엄띄엄 들은 바에 따르면 이들은 무슨 행사를 준비하는 모양이었다. 하필이면 목소리가 제일 큰 사람이 제일 두서없이 말을 하는 바람에 별로 건지지는 못했지만 이 행사에서 '게임'과 '물'이 중요하다는 단편 정보는 파악할 수 있었다. 저 동물들을 갖고 하는 놀이가 있나 본데, 무엇인지는 몰라도 장난감들이 본분을 찾아 어떤 역할을 한다는 사실이 새삼스러웠다. 1년 내내 똑같은 상태로 전시된 이곳의 방대한 컬렉션은 보기에는 좋을지 모르지만, 그 정태(靜態)는 장난감 본연의 순수한 놀이 정신에 반하는 조치의 결과이다. 더 놀 마음은 없되 소유하고 싶은 마음만 있는 어른들이 흔히 하는 짓이다. 카페에 들어오자마자 널린 장난감에 눈이 휘둥그레지는 어린이를 볼 때마다 나는 핑 슬퍼진다. 얘야, 그건 갖고 놀아서는 안 된단다. 이것들은 그저 수집을 위한 수집의 결과로서 여기 있을 뿐이지 자유의 몸이 아니란다. 너의 그 아까운 놀이 정신은 너의 집에서 너를 애틋하게 기다리는 애들에게 베풀어 주렴.

집으로 돌아오는 길에 가로등이 켜졌다. 언제나 어둠이 내려오는 시각보다 조금 일찍 불이 들어왔다. 아직 밝은데 굳이. 그에 반해 내 인생은 모든 것이 조금 늦다. 어떤 것은 많이 늦다. 가령 인생을 통틀어 무슨 일을 하며 살아야 할지 같은 것. 갈 길을 다 정한 이들의 바쁜 행보 사이에서, 아직 방향조차 확정하지 못하고 엉거주춤 서 있는 내 모습은 꼴사납다. 지금부터 뛰기 시작해도 형편없이 뒤처졌는데 아직도 경기 종목을 고르고 있는, 아니 참가 자체를 타진하고 있는 태연함은 어디서 온 것일까. 진실로 늦었음을 인정한다면 이러고 있지도 않겠지. 마음속으로는 실은 늦는 것 따위는 없다는 믿음을 더욱 다지고 있음을 나는 안다. 터벅터벅 골목길을 걸으며 어두운 조각들을 찾아보았다. 너무 많고 밝은 불빛으로 인해 밤인데도 정말로 검은 면들은 적었다. 징검다리처럼 검정 칸만 밟으며 걷고 싶지만 불가능했다. 이렇게 물살에 밀려 떠내려오듯 집에 당도하며 막을 내리는 날들. 이 시간들로 만들어진 퇴적층에도 알 수 없는 가능성의 씨앗이 어딘가에 있겠지, 조용히 바랐다.

자기 전, 색다른 검색을 하기로 마음먹었다. 뉴스, 연예, 오락, 스포츠, 쇼핑, 섹스 그리고 구직이 아닌 주제로 인터넷을 뒤져 보기로 했다. 이조차 색다른 시도임을 부끄럽게 깨달았다. 온라인 관성이란 의외로 강한

힘이다. 참신했던 마음도 브라우저 앞에서는 쉬이 바랜다. 그래도 무슨 이유에서인지 오늘은 이 낮은 턱을 넘어 보고 싶었다. 그런데 생각만큼 낮은 턱이 아니었다. 검색창과 자판의 무한한 가능성 앞에서 나는 '글문'이 막혔다. 이렇게 세상에 던지고 싶은 질문이 없나. 아무것이라도 쳐 보자. 무엇이라도.

나도 모르게 손가락이 움직였다.

수달

검색 결과가 중요한 것은 아니었다. 생애 처음으로 수달을, 나와 전혀 무관한 대상과 가느다란 첫 끈을 이어서 유관해졌다는 사실에 색다른 의미가 있었다. 하지만 그에 대한 지식이 궁금하지는 않았다. 나는 정보보다는 감흥을 얻고 싶었다. 음악처럼 귀에만, 음식처럼 입에만 국한되는 부분적인 감각 말고, 아예 다른 매질 속으로 온몸이 들어가는 그런 것을 원했다. 그래, 물처럼. 공기 말고도 나를 완전히 담글 수 있는 또 다른 물질이 존재한다는 사실이 괜스레 신선하게 다가왔다. 뻔히 알고 있는 이 당연한 사실을 자각하게 자극해 준 수달의 매끄러운 몸을 어느새 나는 뚫어지게 바라보고 있었다. 물에 맞는 몸이라는 것이 있다면 바로 저것이다, 나는 중얼거렸다. 그러고 보니 아까 함께 언급되던 것들이 떠올랐다. 내친김에 나머지도 찾아보았다. 오리, 거북 그리고 물고기까지.

유아 수준의 단어를 연달아 입력하자마자 나는 단순한 발견을 해 냈다. 다 물에 사는 동물들이었다. 물이라는 인자는 이들이 같은 학교 출신이라도 되듯 서로 다정하게 엮어 주는 공통 분모처럼 느껴졌다. 그러고 보니 아까 물 이야기도 나왔지. 이왕 이렇게 된 것, 아예 모두 한꺼번에 넣어서 무엇이 나오는지 보지 뭐. 오늘의 이 유치한 검색은 이것으로 마무리하자.

화면 중간쯤에 등장한 것은 의외의 것이었다.

팟캐스트 김산하의 「반쯤 잠긴 무대」, 습지에는 뭔가 특별한 것이 있다.

정말 이것까지만 클릭하고 자자.

# 무대 1

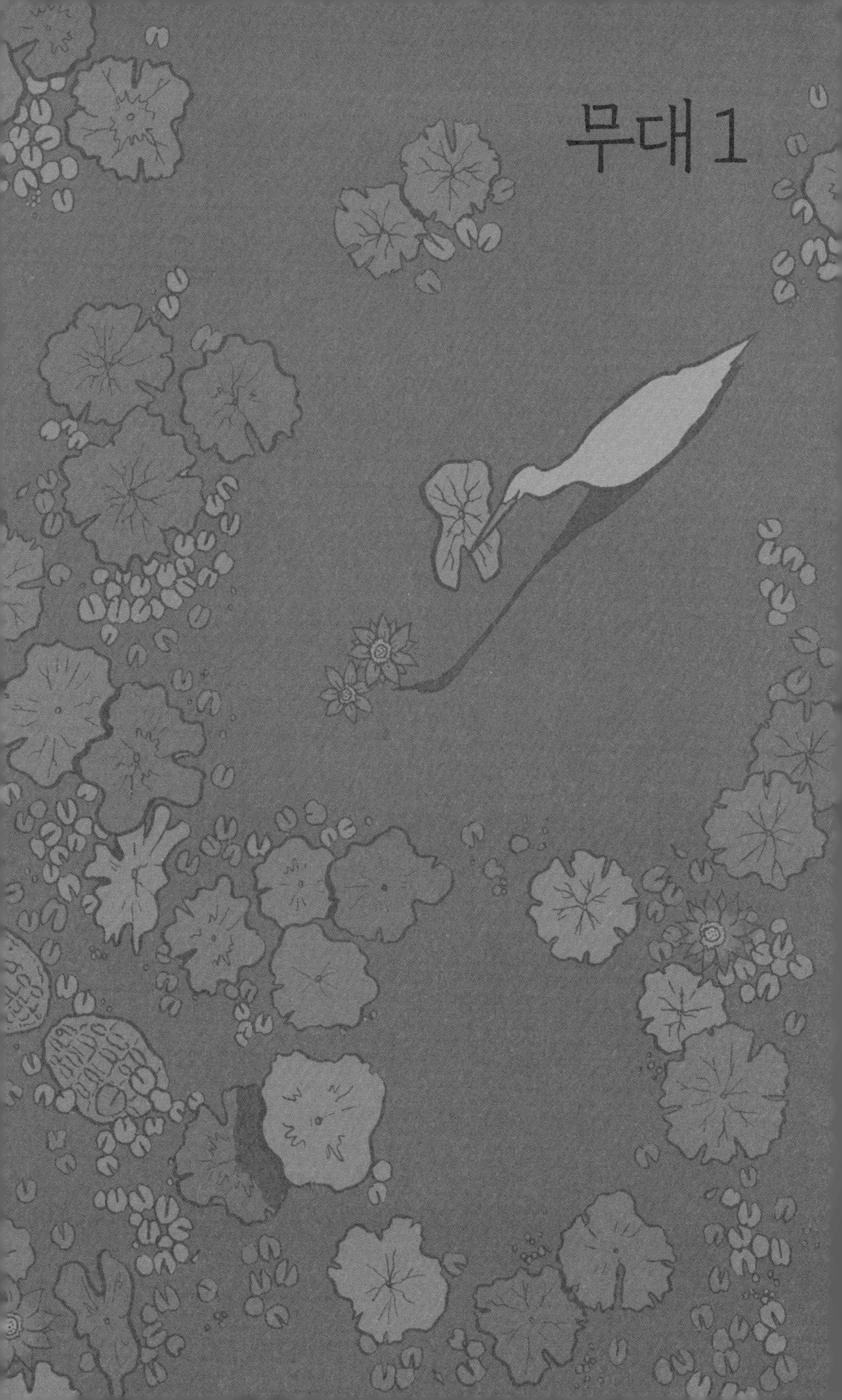

여러분, 안녕하세요. 「반쯤 잠긴 무대」의 김산하입니다. 반갑습니다.

오늘은 이 팟캐스트의 녹음 첫날입니다. 사실 이 방송만이 아니라, 이런 시도 자체가 저로서도 처음입니다. 여기저기 조금씩 게스트로 출연한 적은 있지만 이렇게 제 이름을 걸고 혼자 진행하는 건 그야말로 최초이거든요. 그러니 이걸 듣고 있는 여러분은, 물론 누군가 있다는 전제 하에 말이죠, 저와 함께 새 출발을 하는 셈입니다. 그런 의미에서 감사드립니다. 요즘같이 목소리가 넘쳐 나는 세상에서 수많은 옵션을 제치고 굳이 제가 하는 이야기를 듣고 있다니 그것만으로도 기적과 같은 일입니다.

하지만 부담 갖진 마십시오. 끝까지 저와 함께하지 않으셔도 좋습니다. 끝이 뭡니까, 당장 창을 닫으셔도 원망하지 않을 테니 안심하십시오. 제게는 저 나름대로 하고 싶은 이야기를 하고 그를 통해 생각을 정리하며 앞으로의 활동에 쓸 재료를 만드는 데 이 방송의 큰 의의가 이미 있습니다. 대체 무슨 이야기를 하려 하느냐고요? 그건 이따가 말씀드리겠습니다. 우선 지금은 시작하기 전에 몇 가지만 안내하고자 합니다.

우선 얼마나 정기적으로 업로드할 수 있을지 보장할 수 없는 점부터 이야기해야겠군요. 그때그때 분량도 일정할지 모르겠습니다. 1~2주 간격으로 어느 요일마다 한 번 정도로 규칙적으로 하는 것이 팟캐스트의 문화임을 알지만 솔직히 말하자면 그렇게 주기적으로 콘텐츠를 생산해 낼 자신이 없습니다. 대충 말로 채우는 거야 저도 누구 못지않게 능합니다만 적어도 이렇게 누가 시키지도 않은 일에서만큼은 대충 채우기를 최소화하고 싶습니다. 물론 그렇다고 매회 들을 만한 가치로 꽉 찬 방송이 되지도 않겠지만요. 또 한 가지는 이 방송이 전문적인 지식 전달을 목표로 하지 않는다는 점입니다. 제가 아는 범위 내에서 나름 아는 척하는 부분도 있겠지만, 기본적으로 이 자리는 그냥 생각을 이야기하는 자리입니다. 당연히 듣기 싫으면 끄면 되는 것이죠. 이런 점이 가정이나 사회에서 하는 대화와 가장 큰 차이점일 것입니다. 전원 스위치를 마음대로 껐다 켰다 할 수 없는 것이 실은 삶의 기본 조건이죠. 하지만 여기서는 가능합니다. 그러니 마음껏 활용하셔도 좋습니다. 마지막으로 다양한 '부교재'를 활용하려고 계획하고 있습니다. 무슨 말인고 하니 글이나 그림, 음악 심지어는 야외활동 등 다양한 분야의 보고 들을 거리를 두루 동원하는 방송으로 만들겠다는 뜻입니다. 제가 나름 융합을 추구하거든요. 잘 될지 어떨지는 두고 봐야 하겠습니다. 이 정도로 간단한 안내는 다 한 것 같네요.

자, 그럼 본격적인 이야기로 들어가겠습니다. 「반쯤 잠긴 무대」, 그 주인공은 제가 아니라 바로 습지입니다. 부제에 잘 드러나 있죠? "습지에는 뭔가 특별한 것이 있다." 그렇습니다. 정말로, 정말로 습지는 특별합니다. 무엇이요? 그걸 한마디로 말할 수 있다면 굳이 여러 편에 걸쳐 방송을 만들 필요는 없겠죠. 습지를 주제로 이런 팟캐스트까지 한다는 건 찬찬히 풀어 보겠다는 의지를 담고 있습니다. 하지만 앞서 이야기한 것처럼 습지 공부가 주된 목적인 교육 방송은 아닙니다. 물론 알아야 할 건 알아야 하고 그러기 위해서는 공부도 필요하겠죠. 하지만 습지를 단순히 연구 대상으로 보는 것을 뛰어넘어 온갖 다양한 생각, 상념, 상상, 감수성, 이야기의 재료이자 원천으로 삼고 싶습니다. 습지는 정말 그럴 만한 것이거든요.

한 가지 할 일이 있습니다. 지금 부엌으로 가서 투명한 유리잔을 하나 꺼내세요. 이 잔에 물을 채우고 잘 보이는 데에 놓습니다. 가만히 바라봅니다. 손으로 살짝 흔들어 미세하게 물결을 일으킵니다. 그리고 주변을 쓱 둘러봅니다. 희한한 취미를 가진 분이 아닌 이상, 방 전체가 딱딱한 물성의 고체로 채워져 있을 것입니다. 천이나 종이처럼 접고 구길 수 있는 것도 있지만 그래 봤자 분명한 한계가 있죠. 형태가 이렇듯 일정한 모양으로

고정된 사물들이 압도적으로 차지하고 있는 공간에서 이 소량의 물만은 다릅니다. 고체 세상에서 물의 액체성은 그야말로 독보적입니다. 단순히 그 양이 적어서는 아닙니다. 질적으로 전혀 다른 것이죠. 물도 얼면 고체가 된다는 그 단순한 사실은 지금 떠올릴 필요가 전혀 없습니다. 지금은 딱딱하고 건조한 가운데 이 찰랑거리는 물성이 놓여서 만들어 내는 대비에만 집중하십시오.

그다음에는 물을 천천히 한 모금 마십니다. 물과 입술의 만남이 얼마나 완벽한 접촉면을 만드는지, 입술을 떼고 입을 벌리는 순간 물이 얼마나 빠르게 안으로 뛰어드는지, 기다리고 있던 혀에 물이 얼마나 촘촘하게 퍼지는지 느껴 봅니다. 그러고는 목구멍의 심연 어딘가로 사라지듯 물이 나의 몸속으로 가라앉음을 음미합니다. 말라 있던 구강의 회복되는 촉촉함을 점검합니다. 쩝쩝 입맛을 다셔도 좋습니다. 눌어붙지 않은 점막 위로 신선한 공기를 들이켜며 통풍의 즐거움을 맛봅니다. 유리잔을 다시 봅니다. 당연히 줄어들어 있죠? 그 줄어든 양을 정확히 인지해 봅니다. 내가 들이켠 그만큼의 물, 그만큼 이 공간에서 자취를 감춘 액체의 양을 그려 봅니다. 뭔가 아깝습니다. 되돌릴 수 없기에, 그야말로 엎질러진 물이기에 그 사라짐은 완결적입니다. 사라지는 것이 물의 속성인 것만 같습니다. 현장을 떠나는 것에 혈안이 된 어떤 물성입니다.

왜 이런 괴상한 이야기를 장황하게 늘어놓고 있을까요? 가장 먼저 물에 대한 감성을 다시 불러일으키는 것이 중요하기 때문입니다. 물은 신체의 대부분을 구성함은 물론 생명 활동의 근간을 이루는…… 여기까지만 들어도 벌써 지루하시죠? 누구나 잘 알고 있다고 자부하고 있으니까요. 하지만 물의 중요성을 안다고 해서 물에 대한 감수성이 살아 있는 것은 아닙니다. 또 우리가 물의 중요성을 정말 '안다.'고 할 수 있을까요? 그렇다면 왜 비만 오면 사람들의 얼굴은 그리도 어두워지는 것일까요? 모기 눈물에도 못 미칠 크기의 물방울 몇 개만 떨어져도 후다닥 실내로 피하거나 우산을 펴는 행동은? 식당 테이블에 놓인, 비워지지 않은 수많은 물 잔들은? 정말로 물의 소중함과 중요성을 안다면 그런 반응은 이상하다고 저는 생각합니다. 긴 가뭄 끝에 내리는 단비에 머리를 적시며 하늘에 고마워하는 사람이 우리 중에 얼마나 될까요? 농부들은 고마워할지도 모르죠. 하지만 하늘에 대고 온갖 원망을 잘 하는 사람도 농부입니다. 제가 알기로는 낭비를 표현하는 말로 '뭔가를 물 쓰듯 한다.'는 속담을 쓰는 데도 우리나라뿐이더라고요. 물에 대한 앎도 감도 실은 그리 좋지 못합니다.

물을 알아차리는 연습을 하는 것입니다. 그리고 물을 보면 생명과 연결 지어 생각해 봅니다. 사실 이건 너무나도 자연스러운 연상 작용입니다. 물이 고인 곳을 보면 뭔가 꿈틀거리고 있을 것만 같은 생각이 드는 건 오랜 시간 진화하면서 체득한 감각적 노하우입니다. 옷과 신발 젖는 걱정은 잠시 제쳐 두고 물의 물성과 존재감을 느낍시다. 감을 다시 불러일으킨다는 건 이런 뜻입니다. 일상적인 현상을 고해상도 카메라로 찍어 아주 천천히 재생하면 전혀 다르게 느껴지는 경우가 있죠? 물방울 하나가 떨어져 터지는 장면 같은 것 말이죠. 시선을 그렇게 다른 속도로 재생하듯이 다른 모든 감각도 환경 설정을 다시 하는 것입니다. 물이 있는 환경에 맞춰 감각의 재설정에 들어갑니다.

「반쯤 잠긴 무대」는 습지를 주제로 이야기를 풀어 보는 자리입니다. 제가 아는 한에서는 이렇게 특정 지형 또는 서식지를 주제로 삼는 프로그램은 여태껏 없었습니다. 특정한 땅덩어리를 갖고 할 수 있는 이야기가 얼마나 되겠습니까? 얼핏 생각하기엔 이보다 덜 흥미로운 주제를 찾기도 힘들어 보입니다. 하지만 뭐든지 하기 나름입니다. 습지만의 멋과 맛을 잘 요리할 수만 있다면 이 시도는 진정으로 성공할 거라 굳게 믿습니다.

스스로를 도시인이라 부르는 사람들이 저의 관심 대상입니다. 현재 자연 속에 파묻혀 즐거운 나날을 보내고 있는 분들은 그저 부러울 따름입니다. 그런 분들에게 제가 특별히 보탤 말이 뭐가 있겠습니까? 문만 열고 나가면 산과 들이 있고 창문 밖으로는 새와 곤충들이 있는 곳에 산다면 굳이 자연에 대한 감 운운하는 이야기에 시간을 할애할 이유가 없겠죠. 그보다는 매일 기계 장치 속으로 들락날락하며 화면과 씨름하고 필사적으로 인간적인 위안을 찾는 사람들에게 필요한 말들일 것입니다. 같은 도시인 중에서 이미 자연에 관심이 많고 자연을 좋아하고 나름 좀 안다고 여기는 이들은 반은 동지이고 반은 적입니다. 저와 같은 진영에 있기 때문에 동지이지만, 어떤 경우에는 차라리 안 좋아하는 것만 못하기 때문에 적입니다. 가령 어떤 새를 보고 신기해하는 사람들 앞에서 그 새가 실은 얼마나 흔한지를 강조하면서 사람들의 감흥이 마치 잘못된 것인 양 일축하는

자 말입니다. 또는 도시에 녹지가 부족한 것을 안타까워하는 사람들에게 잘 몰라서 그렇지 실은 아주 많고 자기가 다 알려 줄 수 있다며 뻐기는 자 말입니다. 두 경우 모두 우선 논점 일탈이죠. 사람들은 새가 희귀해서 감동하는 게 아니라 새 자체에 감동하는 것이기 때문입니다. 또 도시 어딘가에 녹지가 존재한다는 게 관건이 아니라 접근성이 용이하게 느껴질 정도로 많지 않다는 것이 핵심이기 때문입니다. 이렇듯 자연에 일가견이 있다는 사람 중에서 사회성이 떨어지고 배타적인 성격의 소유자가 상당수 발견됩니다. 이런 사람들은 일반인들로 하여금 오히려 자연과 거리감을 더 느끼게 하는 효과를 만듭니다. 자연을 마니아처럼 좋아하는 것, 그것은 자연을 좋아하는 것이 아닙니다.

자, 원래 이야기로 다시 돌아오죠. 무대는 왜 무대이고, 왜 반쯤 잠겨 있는지에 대해서 말씀드리겠습니다. 자연을 보고 있으면 그야말로 무대 같습니다. 한번 눈을 감고 상상해 보십시오. 바람에 나무와 풀이 살랑거립니다. 고요함 속에서 부드럽게 서로를 문지르는 식물들의 점잖은 움직임 소리만 들려옵니다. 왼편에서 새 한 마리가 날아오릅니다. 쭉 날아 오

른편으로 퇴장합니다. 밑에서 곤충 하나가 튀어 오릅니다. 몇 번을 뛰더니 수풀 속으로 사라집니다. 다시 고요함이 찾아옵니다. 또 누군가가 등장합니다. 잠시 볼일을 보다가 사라집니다. 불규칙한 주기로 이 현상은 반복됩니다. 내가 시선을 두기로 한 자연은 그 어디든 여지없는 등장과 퇴장의 공간입니다. 자기가 출연하는 줄도 모르는 배우들이 무대에 올랐다 내려갑니다. 어떤 이는 무덤덤하게 머물다 가고, 또 어떤 이는 화들짝 놀라 쏜살같이 내뺍니다. 아마 배우마다 역할이 다른가 봅니다. 스토리의 구조가 우리에게 익숙한 종류의 것은 아니지만, 이야기가 분명하게 전개됩니다. 게다가 끝이 없습니다. 무대의 막은 우리의 눈꺼풀이죠. 그것을 닫을 때에만 그날의 작품은 막을 내립니다. 확실한 주인공이 없다는 점, 관람이 공짜라는 점, 같은 작품을 두 번 다시 볼 수 없다는 점은 일반 무대와 확연히 다릅니다. 일찍 가든 늦게 가든 내가 원하는 곳에 앉을 수 있다는 점도 그렇고요. 거의 아무도 등장하지 않는 아방가르드한 작품도 종종 올라올 때가 있습니다. 현대 예술이 그런 시도를 할 때는 보기가 좀 피곤한데, 자연이 기획한 작품은 아무리 포스트모던해도 좋습니다. 어쨌든 자연은 엄연히 무대입니다. 그것도 아주 훌륭한.

그런데 그 무대가 잠겨 있습니다. 완전히는 아니고 반쯤. 무대가 살짝 빠져 있는 것은 물론 물입니다. 바로 이 점이 열쇠입니다. 일부는 물속, 일부는 물 밖. 물과 뭍에 걸쳐 마련된 수륙 양용 무대입니다. 이곳은 습하면서도 마르고, 말랑말랑하면서도 단단합니다. 물과 땅이라는 지구의 가장 대표적이면서도 상호 이질적인 물질들이 마법처럼 공존하는 곳입니다. 물과 기름처럼 끝내 섞이지 않는 어색한 대면을 하지 않고, 놀라운 사교성을 발휘해 합작해 낸 상호적 관계입니다. 물과 뭍이 만나는 다양한 방식의 총체, 두 세상의 경계이자 어엿한 하나의 독립 세계, 수분과 대지라는 가장 근본적인 생명의 가능성을 상징하고 의미하는 곳. 네, 그렇습니다. 바로 습지입니다. 습지가, 반쯤 잠긴 무대입니다.

앞서 시선을 두는 곳이 곧 무대라고 했죠? 제 시선이 멈춘 곳, 습지에서 오늘부터 무대를 열겠습니다. 가만히 바라보기만 해도, 별로 등장하는 것 없어도 훌륭한 무대이지만, 이 팟캐스트에서는 다양한 프로그램을 기획해서 올리려 합니다. 물론 모두 습지를 둘러싼 작품들일 것입니다. 그러나 그 해석과 표현에 있어서 기획자의 자유와 역량을 마음껏 발산하겠습니다. 참 좋은 세상입니다. 아무 이야기나 마음대로 할 수 있으니 말이죠. 게다가 누군가 들을지도 모른다는 기대를 할 수 있으니 그것도 호사입니다.

마음이 급한 분들은 벌써 습지의 정의가 대체 무엇이며, 하려는 이야기가 뭔지 묻고 싶을 것입니다. 너무 앞서 가지 마십시오. 저도 누구 못지않게 성미 급한 사람이지만 이 무대를 기획하면서 좀 변했습니다. 첫 시간인 오늘 이 정도면 충분한 도입부가 됐다고 생각합니다. 하지만 떠나기 전에 한 가지만 메시지처럼 여운을 남기고 물러가고자 합니다. 다음 편을 들

을 마음이 생겨날 수 있도록 제가 고안한 장치인데, 그 의도를 떠나서 한 번 해 보면 일상 생활에 쏠쏠한 재미를 줄 거라 나름 확신합니다.

아주 간단합니다. 액체성과 고체성이 함께 있음으로써 기분이 좋아지는 것들을 생각하는 것입니다. 그러니까 생수병처럼 액체와 고체 요건은 충족되는데 특별히 기분 좋아지는 효과는 없는 것 말고요. 예를 들어 볼까요? 가령 물방울이 송송 맺힌 콜라병, 어떤가요? 냉장고에서 하얗게 성에가 낀 채 차가워진 병보다, 물이 맺혀 있고 좀 식은 이 모양새가 이상하게 더 와 닿습니다. 광고에서 이 효과를 많이 갖다 쓰는 이유가 있는 것이죠. 비슷한 모티브로 비가 적신 유리창, 갓 세수해서 물 맺힌 피부 등이 있습니다. 또 밥 지으려고 불려 놓은 쌀, 물을 막 준 화분, 음료수에 퐁당 빠뜨려 공기 방울이 스며든 레몬 조각 등도 떠오릅니다. 꽃 가게에 가면 다른 것도 다 좋지만, 빳빳하게 서 있는 다른 식물과는 달리 물에 뜬 부레옥잠, 물배추, 개구리밥 등을 바라봐 주세요. 확실히 뭔가가 다릅니다. 다른 화초는 정말 그것만 단독으로 있는 느낌이지만, 수생 식물은 물과의 조화 때문에 뭔가 저 수면 아래에 있는 것만 같습니다. 한마디로 뭔가가 '더 있고' 그래서 특별합니다. 여러분은 어떨지 모르지만 저는 이런 것들을 보고 있으면 기분이 좋아집니다. 우리가 사는 환경이 점점 삭막하고 인공적으로 변해 가고 있지만 눈여겨보면 앞의 기준에 해당하는 사물이 주변에 의외로 많습니다. 숙제라고 하긴 무엇하지만, 습지에 대한 감을 익히기 위한 첫 단계로서 권하는 바이니 한 번씩 해 보면 어떨까요. 수긍하신 것으로 알겠습니다.

그럼 「반쯤 잠긴 무대」 첫 시간을 여기서 마무리하겠습니다. 감사합니다.

# 2장

하루를 시작하기, 그것은 힘겨운 과업이다. 반복되는 나날의 무의미를 떠나 그냥 일어나서 해야 할 일이 너무 많다. 세수하고 외출 준비하고 자잘한 일들을 처리해 보았자 겨우 제자리걸음이다. 이제부터 본격적인 아침이니까. 밤사이 흐트러졌던 매무새를 평소의 모습으로 복구하는 데에만 이렇게 힘이 든다. 남들도 그럴까? 매일 출발선 앞에 선 순간부터 이미 나는 지쳐 있다.

골목을 나와서 길거리에 들어서면 나는 이런 혼잣말을 한다. 찰칵, 시스템 접속 완료. 주요 도로에는 버스와 지하철 노선의 망이 중첩되어 있기에 여기서부터는 도시의 컨베이어 벨트에 진입하는 격이다. 가만히 운반되기만을 기다리지는 않는다. 신호등 초록 불이 깜빡이면 뛰고, 매끄럽게 환승하기 위해 서두른다. 약간의 의지를 지닌 물건들로 돌아가는 공장이라고나 할까. 평소에 느긋한 편인데도 일단 이 체계에 전극을 꽂고 나면 온전히 나의 페이스대로 움직이지 않게 된다. 도시의 교통망을 효율적으로 이용해 목적지에 도착하더라도 실은 그렇게 번 시간만큼 무엇을 하는 것도 아닌데 말이다. 일찍 도착할수록 오히려 농땡이 치는 시간이 늘어나는 경향마저 있다. 어떤 외국인은 하도 시간이 많아서 일부러 가장 멀리

도는 길을 택해 목적지에 간다고 한다. 물론 일정한 범위 내에서의 이야기일 것이다. 강남에서 강북으로 가는 데 부산에 들렀다 가지는 않을 테니 말이다. 어쨌든 비효율적인 동선을 굳이 선택할 수 있다는 것, 정말이지 부럽다.

그런데 그 목적지로 말할 것 같으면 실은 그때그때 다르다. 정해진 곳으로 출근하지 않는다는 뜻이지만, 그렇다고 백수는 아니라고 말하고 싶다. 창조적인 일을 하는, 또는 하려고 노력하는 사람은 원래 출퇴근하는 직장인이 아닌 것이 정상이다. 무언가를 만들어 내기 위해서 필요한 것은 경험이지 업무 처리 능력이 아니다. 요즘 '기획'되어 탄생하는 것이 워낙 많아 창작을 업무와 동일시하기도 하는데 그것은 모르는 소리이다. 아이디어라는 것은 한 사람의 뇌가 낳는 아이이다. 옆에서 아무리 함께하겠다고 해서 아이 낳기를 같이할 수는 없는 일이다. 그래서 거대한 팀이 달려들어야 만들어지는 거대한 작품들은 그렇게 하나같이 비슷한 맛이 나는 것이다. 여러 사람이 회의와 합의를 거친다는 것은 창조라기보다는 일종의 생산이고, 생산의 과정을 거쳐 나오는 제품이면 아무리 서로 달라도 모두 제품이라는 점에서는 동일하다. 제품 좋다고? 좋을 대로. 다만 작품은 아니라는 것이다.

참, 나는 영화를 하는 사람이다. 혼자서 만든다. 다른 배우나 카메라맨하고 일하기도 하지만 기본적으로 내가 시작해서 내가 완성하는 작업을 한다. 자아가 너무 강하기 때문이 아니다. 그저 창작을 남과 함께하는 방법을 모르기 때문이다. 영화가 좋은 이유 중 하나는 영화에 흐름이 담겨 있다는 것이다. 그냥 주인공이 창밖을 바라보고만 있어도 그 몇 초간의 클립은 나름의 영상 단위가 된다. 이 단위들을 엮기에 따라서 이 이야

기가 되었다가 저 이야기도 된다. 아무런 줄거리가 없는 순수한 세상만사의 흐름도 떠서 담으면 이야기를 쌓는 벽돌이 될 수 있다는 사실이 신기하고, 점으로 구성된 사진과 달리 선으로 연결된 영상이 마음에 든다. 그런데 영상이 난무하고 식상해져 버린 세상에서 무엇을 만들겠느냐고? 차라리 그 질문이 낫네. 그런 영화 만들어서 어떻게 먹고살 것이냐는 질문보다. 하지만 요즘에는 이런 말을 하는 사람도 드물다. '잔소리의 멸종', 이것 영화 제목으로 어떨까?

아, 딴생각 좀 그만하자. 곧 있을 회의 때 할 말을 준비해야 하는데. 오늘은 모처럼 생긴 일거리가 하나 있어 관계자를 만나러 가는 길이었다. 지난 주에 전화로 대충 듣자 하니, 동물이 지나가는 통로에 대한 영상을 만들어 달라는 일 같은데 솔직히 내키지는 않았다. 무슨 소리인지도 잘 모르겠고 보나 마나 아무도 안 보는 홍보 영상을 헐값에 찍어 달라는 것일 테니까. 찬밥 더운밥 가릴 때가 아니라서 하기는 하지만 흥 안 나는 일이란 참으로 고역이다.

그것은 일주일 전의 상태였다. 오늘은, 기분이 좀 나았다. 어젯밤에 들었던 그 이상한 방송 때문인가? 내용이 특별히 와 닿는 것도 아니었는데 나에게 어떤 은근한 효과를 발휘하는 것 같기도 했다. 세상에 별 희한한 주제를 갖고 떠드는 사람이 있구나 싶었는데, 그 엉뚱함에 약간 뻔뻔할 정도의 당당함까지 갖추고 있는 것이 신선하고 흥미롭게 다가왔다. 그래서인지 내가 맡기로 한 일도 흔해 빠진 내용이 아닌 만큼 괜찮을 수도 있겠지 하는 쪽으로 마음이 기울고 있었다. 참 신기한 일이다. 전혀 연관성 없는 일들이 단지 시간을 통해 연결되어 있다는 것만으로 어떤 영향을 주고받는다는 것이. 어라? 시간이 벌써 다 되었네? 결국 또 회의에 전혀 대비하지 못한 채로 들어간다. 젠장.

"혹시 '로드 킬'이라고 아시나요?"

"아뇨."

"길 건너다 차에 치여 죽는 야생 동물을 가리키는 말이거든요."

"아, 네. 그런 걸 부르는 말이 다 있군요."

"네, 영어인데 우리말로도 그냥 그렇게 부릅니다."

"길이 죽인 것도 아닌데 '로드'라고 하네요. '카 킬'이라 해도 될 텐데."

"아, 네……."

어이쿠. 또 쓸데없는 말. 하지 않아도 되는 말을 불쑥 해서 분위기 이상하게 만드는 것은 나의 오래된 특기이다. 이것은 정말 아무리 고치려 해도 나아지지를 않는다.

"재미있는 생각이네요. 그런데 따지고 보면 길이 죽이는 것도 맞아요. 길이라는 이질적인 물질이 여기저기에 막 놓이면서 서식지를 파편화시키기 때문이거든요. 원래는 여기 있다가 자연스럽게 저기로 가면 되는

데, 전에 없이 길을 건너야 하는 일에 맞닥뜨리면 동물이 당황하게 되죠. 또 길이 있으면 차가 오기도 하고요. 어쨌든 그런 좋은 아이디어를 스토리에 활용하는 것도 괜찮을 것 같습니다."

확실히 좋은 일 하는 곳에서 일하는 사람이라 아량이 넓구먼. 환경단체 사람들은 다 억세고 전투적인 줄 알았는데 말이다. 물론 그전에 만나 본 적이 있는 것은 아니었다. 경험 없이 갖고 있는 수많은 의견 중 하나, 바로 현대인의 대표적 특징이다.

"아무튼 길에서 봉변을 가장 많이 당하는 동물이 개구리나 두꺼비 같은 양서류예요. 동작이 느리고 운동 능력이 떨어져서 재빨리 도망가질 못하죠. 보통 물이 있는 데에서 올챙이로 자라났다가 다 크면 다른 데로 이동하는데 이때 길에서 깔리는 경우가 많아요. 그래서 이들이 안전하게 지나다닐 수 있도록 도로 밑에 작은 터널을 만드는 사업을 하고 있습니다. 이런 걸 일컬어 '생태 통로'라고 합니다."

엉뚱한 소리를 지껄이는 것과 더불어 나에게는 회의하는 데 취약인 습관이 하나 또 있다. 바로 사람을 관찰한다는 것인데 문제는 여기에 집중하다가 이야기 소리를 차단한다는 것이다. 사물을 유심히 보는 평소의 시선이 사람의 얼굴이나 몸, 옷가지 등에 적용되는 경우인데 대화 내용에 집중하는 데 방해되기 십상이다. 한창 이야기하다 보면 외투의 무늬나 질감에 초점을 맞춰 마치 매직아이를 시도하는 듯한 나 자신을 발견하기도 한다. 그러다가 놓친 이야기를 예의에 어긋나지 않게 다시 묻느라 혼나는 경우가 부지기수이다. 특정 부분을 놓친 척해야지, 아예 통째로 다시 말해 달라고 할 수는 없지 않은가.

내 신경을 빼앗는 가장 주된 대상은 단연 얼굴이다. 이런 말은 무엇

하지만, 유난히 특이하거나 못생긴 사람에게 특히 눈이 간다. 아마도 나의 무의식이 이런 질문에 시달리는 모양이다. 대체 이 얼굴의 어떤 부분이 어떻기에 저런 종합적인 효과를 자아내는 것인가? 예쁘고 잘생긴 사람은 보통 반듯하기에 오히려 형태학적으로 재미가 없다. 조물주의 남다른 손맛이 느껴지는 얼굴은 보고 또 봐도 흥미진진하다.

"그래서 개구리나 두꺼비가 생태 통로를 이용하는 것을 갖고 간단한 이야기를 담은 영상을 하나 제작해 주셨으면 합니다."

알았다. 이 사람이 무엇을 닮았는지. 긴가민가했는데 영락없는 수달이었다. 얼굴만 갖고는 딱 맞는다고 할 수는 없는데, 전체적으로 보면 자세나 몸의 모양이 수달의 인간 버전이었다. 이 상태로 바로 강둑을 타고 미끄러지듯 물속으로 들어가 물고기를 잡아먹고 있어도 하나도 이상하지 않을 것 같네. 의외의 발견에 혼자 흡족해하며 나도 모르게 입꼬리가 올라가 버렸다. 혹시 이름도 온달일까. 푸하하. 참, 그건 남자 이름이지.

"네? 괜찮으세요?"

"네? 네, 잘 알겠습니다. 만들어야죠. 당연히. 하하."

"혹시 더 궁금한 것 없으신가요?

"음, 아무래도 무슨 이야기든 만들려면 정보가 더 필요할 것 같긴 하네요."

"정보라면 어떤 거요?"

"글쎄요, 뭐가 있을까요. 가령 이 통로는 개구리나 두꺼비 전용인가요?"

"하하, 그 말 좀 웃기네요. 다른 동물도 이용하려면 할 수 있겠죠."

"예를 들어 어떤 동물이요?"

"뱀이나 곤충 그리고 작은 포유류들도 지나다닐 수 있을 것 같아요."

"혹시 수달도 가나요?"

"수달요? 워낙 귀해서 이 설치 지역에 있을까 모르겠습니다. 그런데 수달처럼 인기 있는 동물은 일단 생각하지 마시고 양서류에 집중해 주시면 고맙겠습니다."

이런, 심기를 건드린 모양이었다. 혹시 슬쩍슬쩍 쳐다보는 것을 들켰을까? 학창 시절 내내 별명이 수달이었을지도 모를 일이다. 양서류에 대한 충성을 맹세하고 괜한 죄책감에 이런저런 질문 몇 가지를 던지고서 부리나케 자리에서 일어났다. '이런 일 계속 할 거면 앞으로 좀 더 프로페셔널해져야겠다.' 하고 밖을 나서며 혼잣말했다. 다음에 가야 할 약속은 없었다. 점심 시간까지 남은 시간은 산책으로 채우기로 하고 아무렇게나 방향을 잡았다.

이야기가 필요한 세상. 요즘은 어디나 스토리 타령이다. 부족해서일까, 넘쳐서일까. 한편으로는 경제와 정치의 차가운 논리로만 돌아가는 이 세상은 이야기다운 이야기의 따뜻함이란 싸늘하게 제거된 곳인 것만 같다. 또 한편으로는 무엇이든지 이야기의 탈을 쓰고 있어서, 숨은 저의(底意)를 실현시키는 술책 정도로 이야기가 남용되는 듯하다. 때로는 이야기가 재미의 동의어에 불과하다. 재미없는 것을 재미있는 것처럼 탈바꿈시키는 포장지로서의 이야기. 태곳적부터 인류가 가꿔 온 위대한 유산인 이야기가 장사나 홍보의 양념으로 전락한 작금의 상황이 한탄스럽기만 하구나. 이젠 애먼 두꺼비에게까지 이야기가 필요하니 말이다.

그나저나 두꺼비. 개구리였나? 여하튼 간에 이것을 어떻게든 이야기로 풀어야 하는데, 어떤 이야기를 만들어야 하나. 그때 요란한 소리를 내는 오토바이가 쌩하고 옆을 스쳐 지나갔다. 머플러가 뿜는 굉음이 자신의 남자다움과 비례한다고 착각하는 또 한 명의 질주였다. 바로 저런 것에 두꺼비가 깔리겠구나, 나는 깨달았다. 죽을 때 죽더라도 생계형 차량에 당하는 것이 낫지 저렇게 질 낮은 과시 행동의 희생양이 되는 것은, 그것은 정말 아니다 싶었다. 아까만 해도 동물이 길을 건너다 죽는 것은 불가피한 현상이라 여겼는데, 막상 그들을 납작하게 만드는 구체적인 대상을 보니 굳었던 생각이 희미하게 꿈틀거리기 시작했다.

거리는 정오의 햇빛을 받아 길게 퍼지고 있었다. 띄엄띄엄 난 가로수들은 서로를 향해 넌지시 움직였고 그사이를 징검다리처럼 참새들이 건너뛰었다. 복잡하게 돌아가던 동네에 몇 초의 정적이 찾아오면서 드르륵 창문 여는 소리가 모처럼 또렷하게 들려왔다. 머리를 내민 할머니는 오늘

처음 맡는 바깥 공기에 껌뻑껌뻑 눈동자를 닦았다. 부산해진 밥집의 달그락거리는 소리와 냄새가 유혹적이지만 잠시 참기로 했다. 한창 바쁠 때에 혼자 온 손님을 반기지 않는 집인지도 모르니까. 한 시간만 있다가 마음 편하게 밥을 먹는 편이 낫다.

이야기가 있으려면 해프닝이 필요하다. 무슨 일이 벌어지면 그 사건을 중심으로 물결처럼 전개되는 구조이다. 그런데 아무 일도 일어나지 않으면? 많은 이의 삶처럼. 극중 주인공은 시시각각으로 닥치는 상황에 '놓인' 이들이다. 누구와 마주치고 전화를 받고 싸움에 휘말린다. 특정 목표를 달성하러 스스로 모험을 떠나는 구도도 많지만 이 역시 어떤 운명에 '처했기' 때문에 감행하는 경우가 대부분이다. 이에 반해 우리의 일반적인 삶은 적극적으로 찾아다녀도 별 볼 일 없다. 우연한 로맨스라도 안 생기나 기웃거려도 허사이고, 신비롭거나 미스터리한 일을 목격하는 일은 더더욱 없다. 고생해도 그 결과 우리가 얻는 것은 기껏해야 힘겨운 드라마일 뿐이며 거기서 드러나는 것은 스토리보다는 사회적 불합리이다. 다른 동물도 그럴까? 다큐멘터리에서 묘사하는 야생 동물의 삶은 언제나 생존을 위한 투쟁 일변도이던데. 그들도 대부분의 시간은 이렇다 할 사건 사고 없는 단조로운 일과에 시달리는 것일까?

"꺅!" 순간 길의 반대편에서 비명이 들려왔다. 아니나 다를까 역시 비둘기였다. 그럼 그렇지 또 한 명의 호들갑이겠네. 머리를 움켜쥔 채 울상이 된 여학생은 마치 주변 사람 들으라는 듯 옆 친구에게 호소하고 있었다.

"내 머리를 치고 갔어! 나 완전 맞았어!"

상태가 안 좋은 비둘기였는지 잘못 날다 충돌한 모양이었다. 작지만, 분명한 사건이었다. 인간과 동물이 맞닿아 생긴 극히 드물고 짧은 이야기. 그 단편들에 나는 눈을 뜨고 있었다. 어느새 내리기 시작한 가랑비에 옷이 살포시 젖고 있었다.

# 무대 2

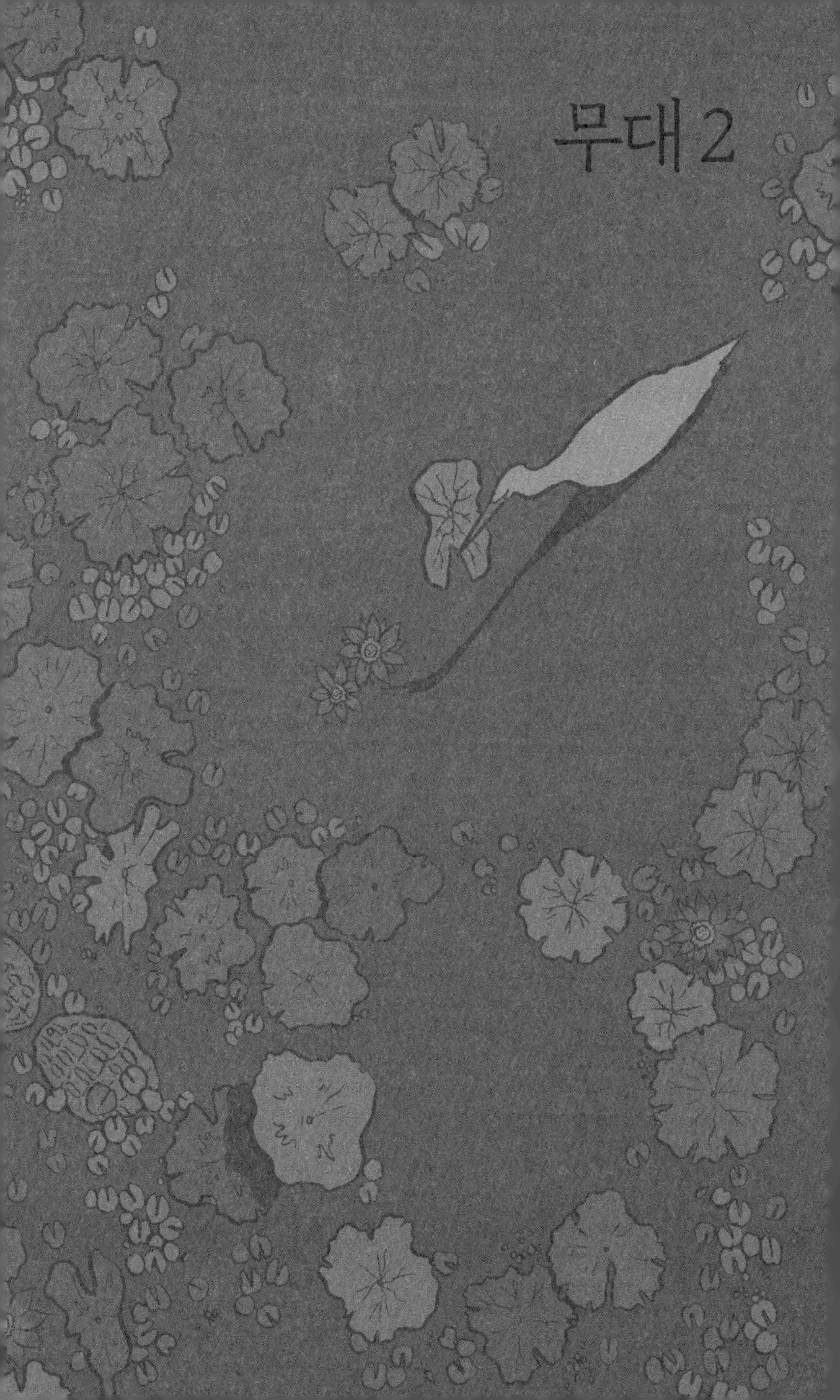

안녕하세요. 「반쯤 잠긴 무대」에 오신 것을 환영합니다. 놀랍게도 지난 첫 방송의 조회수가 0이 아니더군요. 그 열화와 같은 응원에 힘입어 이렇게 두 번째 시간을 힘차게 이어 나가고 있습니다. 말만 하면 들어 주는 사람이 어딘가에 있는 이 세상, 참 감사할 일입니다.

이 팟캐스트의 제목을 보고 나서 각오는 하셨겠죠? 장화나 방수 처리된 옷이 필요할지 모릅니다. 반쯤 잠긴 곳으로 여러분을 안내해 드리려 하니까요. 이 말을 듣는 순간, 어땠나요? 진짜로 야외에 나가지 않는다는 걸 알아도, 젖는다고 생각한 순간 마음의 준비가 필요하다고, 번거롭다고 느끼진 않았는지요? 또는 물에 발 담글 생각을 하니 조금 신이 나지 않았는지요? 마음의 문을 굳게 걸어 잠그고 듣는 분이 아니라면 약간은 이런 반응을 했으리라 생각합니다. 그렇습니다. 물이라는 건 이렇게 일상의 껍데기를 깨는 독특한 힘을 지닌 물질입니다. 물이 있을 때와 없을 때는 천지 차이이죠. 물이 관련되는 순간 현실은 전혀 다른 색채와 물성을 띠는 곳으로 변신합니다. 적실 수 있는 물의 능력은 한마디로 마법과도 같습니다.

우리가 사는 세상이 아무리 복잡다단해도 대부분은 건조함의 세계에 속한 것들입니다. 이 건조함은 질서를 의미합니다. 인간의 삶이 의존하고 있는 합리적이고 구획적인 질서이죠. 무엇이 잠시 흐트러져도 옮기고 치우고 정리하면 됩니다. 그 안에도 물은 있지만 통에, 용기에, 일정한 테두리의 공간에 담긴 상태로만 존재합니다. 건조함의 논리에 따라 관리되고 있는 것이죠. 물을 길들이고 있는 것입니다. 그러나 이 질서는 실은 물을 충분히 감당하지 못한 채 대충 얼버무린 상태로 작동합니다. 그래서 아주 작은 오류 하나만 일어나도 누구나 물의 위력을 실감할 수 있습니다. 실수로 잔을 넘어뜨려 물이 쏟아지는 광경을 상상해 보십시오. 사람들은 일제히 화들짝 놀라며, 고삐 풀린 물이 제멋대로 상 위를 질주하는 광경을 목도합니다. 정해진 자리만을 차지하는 점잖은 고체들과는 달리 물은 품위고 나발이고 자유를 불사르며 거침없이 제 갈 길을 가죠. 이때 물은 걷잡을 수 없는 야생성, 원시성을 의미합니다. 젖을까 걱정한 사람들은 휴지를 한 움큼이나 쥐어 통째로 걸레질에 할애하는 몰상식함을 보이기도 합니다. 하지만 깊은 무의식의 차원에서는 통제와 질서로 대변되는 건조한 세계의 보안망이 뚫리는 장면을 보고 있는 것이죠. 그 틈새를 통해 신비롭고 어찌하거나 이해할 수 없는 물의 춤에 매료되는 것입니다.

한번 생각해 보십시오. 첨단 기술을 그토록 자랑스러워하는 현대 문명이 인류의 역사 전체에 걸쳐 비에 대해 내놓은 대책이 우산 말고 무엇이 있습니까? 그렇죠, 겨우 우비밖에 없죠. 그거나 그거나, 우산이든 우비든 장화든 기껏해야 비를 완벽하게 막지도 못하는 소소하고 얄팍한 '덮을 거리' 정도입니다. 그 위대한 기술의 진보도 우산 이래로 전혀 이뤄지지 않은 셈이죠. SF 소설에서처럼 인공 막 같은 것이 개발되지도 않지 않았습니까? 마찬가지로 엎질러진 물에 대해 과학 기술계가 내놓은 대책도 여전히 걸레에서 한 치도 못 나아가고 있습니다. 투자를 안 해서 그렇다고요? 그럴지도 모르죠. 하지만 돈이 되는 것이라면 시장의 구석까지 파헤치는 사람들이 아직도 비가 오면 모두 가느다란 우산살에 의지하는 상황을 그냥 두고 있다는 사실 자체가 의미심장합니다. 우천 시 더욱 효과적으로 사용할 수 있는 신제품 개발을 독려하기 위해 이런 말을 하는 것은 물론 아닙니다. 세상에 물이 있을 때 얼마나 다른지를 보여 주려 한 것입니다.

그런데 물에 젖은 것도 한때, 시간이 지나면 마르게 돼 있죠. 억수같이 내린 비에 흠뻑 젖은 거리도 비가 그치고 나서 하루 이틀이면 아무 일도 없었다는 듯 뽀송뽀송하게 원상 복귀됩니다. 그야 당연하죠, 그렇죠? 물이 증발하고 하수구로 흘러 내려가니까요. 아닙니다. 전혀 당연하지 않습니다. 세상은 원래 젖고 나면 바로 바싹 마르게 돼 있지 않습니다. 또 빗물이 떨어진 지점으로부터 다른 곳으로 곧바로 옮겨져야 하는 것도 아닙니다. 원래 지구는 물이 땅을 적시고 나면 여기 좀 고이고 저기 좀 스며들고, 여기저기 사정에 따라 다른 속도로 마르는 곳입니다. 햇볕에 노출이 잘 된 곳은 빨리, 덜 된 곳은 느리게 수분이 증발하겠죠. 물의 포옹을 받은 대지는 시간을 두고 여유롭게 생화학적, 지질학적 방법으로 배수를 해결했습니다. 사실 정확히 말하면 배수(配水)가 아닙니다. 배(配)라는 한자

가 의미하듯이 물을 나눠 보내는 것이 아니고, 땅의 온갖 구멍과 굴곡을 따라 물이 알아서 흘러갈 길을 찾는 것이기 때문입니다. 강으로, 흙으로, 땅 밑으로, 동식물의 몸으로, 심지어는 바위 속으로 찾아갑니다. 한마디로 물은 골고루 적시면서 대지를 통과하는 것입니다. 어디로 급히 내보내지는 것이 아닙니다.

우리가 만들어 놓고 당연시하는 도시 환경에서는 이야기가 전혀 다릅니다. 이곳은 고이고 스며드는 것을 극도로 싫어하는 자들의 세상입니다. 물은 생겼다 하면 바로 치워져야 하는 무엇입니다. 자신들의 피부는 그토록 촉촉하길 원해서 수분을 바르고 뿌리고 난리이지만, 문밖의 세계는 물기가 '씻은' 듯이 사라지는 걸 원하죠. 이걸 가능케 하는 가장 중요한 발명품은 바로 매끄러운 표면입니다. 시멘트, 타일, 아스팔트, 합성 수지 등의 자재가 만들어 내는 매끈한 도시의 마감은 자동차가 굴러가도록 하는 목적도 있지만, 기본적으로 땅 전체를 덮어 자연의 '민낯'이 드러나지 않도록 하는 목적이 큽니다. 이로 인해서 생기는 가장 주된 효과는 물이 흘러가게끔 한다는 것입니다. 그럼 물이 흘러가지, 걸어가느냐고요? 어디에도 머물지 못하도록 마구 달리게 만든다는 뜻입니다. 도시에 떨어진 물은 쭈뼛쭈뼛 서성거릴 틈이 없습니다. 바로 왼쪽으로 휙! 오른쪽으로 휙!

급하게 자리를 떠야 합니다. 말하고 보니 어째 대도시에 사는 우리 신세와 닮았다는 생각이 드는군요. 왜 방수 처리된 옷을 보면 물방울이 섬유를 전혀 적시지 못하고 또르르 굴러가지 않습니까? 바로 그런 원리이죠. 물을 얼른 모아 얼른 내보내 하루빨리 건조함을 되찾도록 설계된 시스템. 이렇게 없애 버리기에 급급한, 경로화(經路化)된 우리의 배수 철학은 물을 온몸으로 받아들이고 저절로 마르기를 차분히 기다리는 지구의 원래 모습과는 무척이나 다릅니다.

홍수와 태풍 때문에 어쩔 수 없지 않느냐는 질문에 대해서는 일단 여기서 논하지 않겠습니다. 세상에 정말로 어쩔 수 없는 건 실제로 그리 많지 않다고 생각합니다. 지금과 같이 과밀한 도시 주거 형태를 고집하는 한 그렇게 보일 수도 있겠죠. 그러나 모든 인간이 우리처럼 도시에서 살고 있지 않을뿐더러, 지금 여기서 이 문제를 토론하자는 것이 아닙니다. 우리가 사는 이곳에는 '물의 머무름이 없다.'는 말을 하려고 이렇게 멀리 돌아온 것입니다. 생명의 원천이자 근본인 물, 세상을 변화시키는 물, 자유롭고 오묘하고 신비로운 물. 물의 자연스러운 머무름이 없습니다. 물을 병입(甁入)해서 보관하고 저수지에 담아 두는 관리와 통제는 있지만, 물이 물답게 스스로 퍼지는 자유는 원천적으로 차단되고 있습니다. 이 사고 방식은 비단 도시 내에서만 적용되는 것이 아닙니다. 거의 모든 하천과 해안가에 동일한 손길이 가해졌고 지금도 가해지고 있다는 것은 최근에 시행된 국가 정책에도 여실히 드러났죠. 물이 물 흐르듯 가서는 안 되는 세상이라고 보면 됩니다.

그렇다면 물의 머무름이 있는 곳은 어디일까요? 아하. 바로 제가 기다리던 질문입니다. 혼자 북 치고 장구 치고 잘 하죠? 두구두구두구두구

둥! 그렇습니다! 바로 습지입니다!

습지(濕地). 습할 습(濕)에 땅 지(地). 이름하여 젖은 땅. 물이면서 동시에 뭍인 곳입니다. 물이면 물이고 뭍이면 뭍이지, 어떻게 그럴 수가 있느냐고요? 그럴 수 있습니다. 있는 정도가 아니라 아주 많습니다. 다만 우리가 별로 눈여겨보지도, 중요하게 여기지도 않을 뿐이죠. 그래서 엄청난 속도로 없어지고 있기도 합니다. 오죽하면 제가 아예 이걸 주제로 내내 이야기하러 나오지 않았겠습니까. 지구는 육지와 바다로 구성돼 있다고 우리는 어릴 적부터 배웠지만, 그때부터 그 두 세계 사이에 해당하는 독특한 중간 지대가 있다는 사실은 그냥 지나쳐 왔습니다. 중간이라고는 하지만 단순히 경계이기만 한 건 아닙니다. 땅의 속성과 물의 속성이 만나 탄생한 독특한 제3의 영역이라 봐야 합니다. 지구 표면적 전체에서 습지가 차지하는 비율이 약 6퍼센트이므로 크기 면에서도 아주 작은 것이 아니죠. 나중에 더 자세히 알게 되겠지만, 습지의 중요성과 가치는 이 비율에 비해 월등하게 높답니다.

제가 표현을 이렇게 거창하게 해서 그렇지 여러분은 누구나 이미 습지를 알고 있습니다. 강변의 갈대숲 보셨죠? 대표적인 습지입니다. 갯벌? 마찬가지입니다. 늪은요? 물론입니다. 습지를 전혀 모르는 사람도 가수 조관우 씨 때문에 늪은 들어 봤더라고요. 하지만 안타깝게도 「늪」의 가사 어디에도 습지를 노래하고 있지는 않습니다. 물론 "이미 나는 늪에 빠진 거야."라는 가사는 나옵니다. '늪'이라는 명사는 등장했다 하면 '빠지다.'라는 동사가 동행하는 경향이 있습니다. 마치 '융단'이 '폭격'과 언제나 함께 쓰이는 것처럼. 정말로 늪은 빠질 수 있는 곳이긴 합니다. 제가 빠져 봐서 알죠. 직접적인 의미나 비유적인 의미 모두에서 말입니다. 아무튼 습지가 이렇게 문학적으로 회자되는 현상은 다른 시간에 별도로 다루기로 하고 본 주제로 돌아옵시다. 무슨 이야기를 하고 있었죠? 아, 다들 실은 습지가 뭔지 알고 있다는 말을 하고 있었네요.

날카로운 분은 이미 질문하고 있을 것입니다. 강변이나 갯벌이 젖은 땅이라는 건 알겠는데, 늪은 맨날 물이 찬 곳 아닌가? 네, 맞습니다. 젖은 땅뿐 아니라 잠긴 땅도 습지입니다. 물에 잠긴 것으로 치면 연못, 개울, 시내, 강, 호수, 얕은 바다 심지어는 논까지 다 해당하는 것입니다. 뭐야, 그럼 전부잖아? 물이 있는 곳이라면 거의 그렇습니다만, 나름의 정의가 있습니다. 앞서 열거한 것처럼 습지의 종류가 워낙 다양해서 한마디로 말하긴 어렵지만 대체로 다음과 같습니다. "일시적 또는 항시적으로 존재하는 담수, 해수, 기수(汽水)로 채워진 땅으로서 바다의 경우 간조 시 수심이 6미터 이하의 영역"을 포함합니다. 즉 깊은 바다를 제외하고 물이 있는 곳이라면 거의 다 습지로 봐도 된다는 뜻입니다. 갑자기 6이라는 숫자가 기준이 되는 걸 보면 이것이 분류를 위한 편의상 수치이지 절대적인 의미를 지니지는 않는다는 것쯤은 벌써 감지하셨을 것입니다. 썰물과 밀물 때 드러

나는 땅의 면적 변화를 생각하면 얕은 바다도 물이면서 뭍인 곳은 분명한데, 기준은 있어야 하잖아요. 그걸 6미터로 잡은 것뿐입니다. 게다가 강이나 호수는 어차피 다 포함되는데 그들이라고 해서 얕은가요? 지구에서 가장 깊은 호수인 러시아의 바이칼 호는 수심이 무려 1,642미터나 됩니다. 상당히 깊은 편이라도 육지 위에 있는 수역(水域, water body)은 넓은 의미에서 습지에 포함됩니다. 그런데 일반적으로 강과 호수는 그냥 제 이름으로 부르고 그 주변을 습지라 지칭하는 경향이 강합니다. 그 정도로 주변부가 그냥 주변부가 아니라는 의미이죠.

제가 고른 이 습지의 정의는 관련 기관이나 과학자마다 다르게 쓰고 있는 수많은 정의 중 하나에 불과합니다. 갯벌에서 논까지 지극히 다른 지형을 한데 묶는 말인데 아무리 잘 정리하려 해도 그 개념은 들쑥날쑥할 수밖에 없습니다. 그렇다고 임의로 아무거나 고른 건 아니고요, 바로 그 유명한 람사르 협약(Ramsar Convention)에서 쓰고 있는 포괄적인 습지 정의를 빌려 온 것입니다. 못 들어 본 분들을 위해 람사르 협약을 간략히 설명하자면, 이란 북부에 있는 카스피 해 연안의 휴양 도시인 람사르에서 1971년에 맺어진 국제 습지 협약입니다. 현재 170개국이 가입했는데 이는 유엔(UN) 회원국의 약 90퍼센트입니다. 한국은 1997년에 가입해서 2019년 현재 23개 습지를 등록해 놓고 있죠. 습지가 그 정도로 국제적 중요성이 높은 사안이라는 이야기입니다. 다른 건 몰라도 이것이 세계 최초의 국제적 환경 협약이라는 점을 기억해야 합니다. 벌써 이때부터 습지가 파괴돼 철새들에게 갈 곳이 없어지는 사태를 인지하고 이것을 국제적으로 풀어야 할 문제로 인식한 것입니다. 모든 환경 문제를 다루는 대표적인 국제 기구인 유엔 환경 기구(UNEP)도 람사르 협약보다 1년 늦은 1972년에 창설된 걸 보면 알 만하죠. 세상엔 산도 바다도 숲도 많지만, 특정 종류의 서식지 하나에 전 세계가 이토록 많은 관심과 노력을 기울이고 있다는 사실을 천천히 되짚어 볼 필요가 있습니다.

그런데 남들이 중요하다고 해서 중요한 건 아닙니다. 나 스스로가 그렇게 느껴야죠. 게다가 정말로 중요한 문제가 뭔지 아십니까? 거의 50년이 다 돼 가는 권위 있는 국제 협약이 시퍼렇게 살아 있고 람사르로 지정된 습지의 총면적이 남한의 20배가 넘지만, 아직도 습지가 뭔지도 모르는 사람이 태반이라는 사실입니다. 저같이 잘 알지도 못하는 놈이 이런 방송을 하는 걸 보면 말 다 한 것이죠. 그 결과가 뭔 줄 아십니까? 제일 빨리 없어지고 있는 곳이 바로 습지입니다. 숲에는 나무라도 많아서, 그곳을 개발하려면 나무를 다 베고 밀어 버려야 하니까 아무래도 쉽게 개발하진 않죠. 물론 요즘엔 뭐든 다 쉽게 없애고 있습니다만. 이에 반해 웬만한 습지는 그냥 물을 빼고 흙으로 채워 버리면 끝이거든요. 게다가 숲은 그나마 사람들이 숲으로 불러 주기라도 하지만, 습지는 바로 눈앞에 있어도 "여기 아무것도 없네."라고 치부해 버리는 황당한 신세에 처해 있습니다. 툭

하면 '노는 땅' 또는 '허허벌판'이라고 부르기도 하죠. 심지어는 매립되기 위해 존재하는 무엇으로 치는 경향마저 있습니다. 실제로 수많은 습지가, 특히 서해안 갯벌의 눈부신 보물 같은 지역들이 그냥 '살처분'을 받아 저 밑에 묻혀 버렸죠.

기분 안 좋아지는 이런 이야기는 이쯤 해 둡시다. 겉으로 보기엔 세계가 알아서 잘하고 있는 것처럼 보이지만, 실제로는 그렇지 않다는 점을 말하고 싶었을 뿐입니다. 그래서 더욱 우리가 나서서 이런 이야기를 해야 하는 것입니다. 그냥 '윗사람들'에게 맡겨서 될 일이 아닙니다.

지난 첫 시간의 말미에 내 드린 숙제 아닌 숙제를 하신 분이 있을까 모르겠습니다. 액체성과 고체성이 함께 있음으로써 묘한 효과를 자아내는 뭔가를 찾아보자는 것이었는데, 혹시 있었나요? 저는 지나가다가 하나 발견했습니다. 안경 가게 앞에 있는 안경알 닦아 주는 기계 혹시 아시나요? 철제이고 아마 전기로 작동되는 것 같은데, 아주 얕은 설거지통처럼 생겨서 그 안에 물이 좀 담겨 있습니다. 이상하게 이걸 보면 묘한 느낌이 들더군요. 물론 제가 안경 쓰는 사람이라 그런지 모르겠지만. 아마 이 밖에 더 재미있는 조합을 본 분도 계시리라 믿습니다. 그것을 포착한 감수성을 갖고, 또 오늘 말씀드린 물의 머무름을 기억한다면 이미 여러분은 특별한 습지의 세계에 한 발을 살포시 담근 셈입니다.

그럼 이만 줄입니다. 감사합니다.

# 3장

흐린 날이었다. 하늘이 뿌연 일이 요즘 들어 부쩍 잦아졌다. 부산하게 움직이는 도시 위로 둔탁한 공기층이 무겁게 떠 있었다. 뿌연 하늘이 더 뿌연 유리창에 비쳤다. 낮게 바람이 일자 검은색 비닐봉지 하나가 하늘로 떠올랐다. 허공에 잠시 정지한 듯하더니, 묘사 불가능한 궤적을 그리며 저편에 소리 없이 떨어졌다. 높은 건물의 꼭짓점에 앉은 까치는 아래의 군상을 굽어보는 듯 연신 고개를 까딱거렸다. 차와 사람은 서로를 둘러 실타래처럼 움직이고 있었다.

발상이 필요할 때 나는 거리로 나선다. 가만히 앉아 컴퓨터를 쳐다보고 있을 때는 아무것도 안 떠오르고, 일어나 몸을 움직여야 극소량의 아이디어라도 건질 수 있다. 제일 좋은 것은 밖으로 나오는 것이다. 걷든 무엇을 타든 전진하며 만들어지는 시각적 움직임이 나에게는 필요하다. 망막에 한 가지 상이 맺힌 상태 그대로 있으면 뇌가 잘 안 돌아가는 체질이라고 나는 스스로 진단한다. 눈을 비롯한 다른 감각 기관에도 흐름이 유입되어야 비로소 어딘가 열리고 돌아가고 비로소 무언가를 만들어 낼 수 있는 구조인 모양이다.

세상이 이미 내놓은 것들로부터 영감을 얻기 위함은 아니었다. 우리

나라의 거리를 배회하며 번뜩이는 착상을 얻겠다는 생각은 이미 접은 지 오래였다. 체인점의 사슬에 꼼짝없이 포박당한 곳에서 무엇을 기대하리. 오히려 반면 교사를 찾아 나서는 면은 있다. 저렇게 만들지는 말아야지. 이번처럼 동물에 관해서 이야기를 만들어야 할 때에는 팬시점에 들러 봉제 인형과 캐릭터 인형을 살펴본다. 하나같이 머리는 크고 사지는 짧은 아기 신체 비율로 성장이 멈춘 괴물들이다. 그것도 개, 고양이, 곰, 토끼 등 포유류 말고는 찾아보기 어렵다. 최소한 저런 묘사는 피해야겠다는 생각이 들기에 충분한 자극제들이다.

동시에 배우는 것도 많다. 상점에 진열된 평범한 물건 하나에도 어떤 대상에 대한 해석과 표현이 담겨 있다. 특히 그것이 순수하게 기능적인 용도로 만들어진 것이 아니라, 나름의 재미를 담고자 했을 경우에는 더더욱 그렇다. 가령 효자손이 좋은 예이다. 우선 등의 가려운 곳을 긁기 위한 상품을 출시하면서 이름을 고심했다는 사실 자체가 흥미롭다. 그냥 등 긁개라고 부르고 끝날 수도 있는 일이니까. 핵심은 효(孝) 개념으로 이 단순한 도구를 재해석했다는 점이다. 혼자서 벅벅 긁기 위한 것이지만, 혼자 힘으로는 닿기 어려운 곳을 돕기 위한 나름 절실한 도구인 만큼 인격성을 부여하기에 적합한 측면이 있다. 게다가 등이라는 신체 부위는 원래 목욕탕에서 서로 때를 밀어 주던 고전적인 친밀 행위의 매개체라는 점도 있다. 등과 접촉하는 부위를 골고루 시원하게 긁어 줄 수 있도록 포크 형태로 갈라져 손과 닮았다는 점도 이 아이디어에 한몫한다. 이런 것들이 합쳐져 탄생한 효자손. 문화와 역사와 형태와 기능이 잘 어우러진 참으로 훌륭한 사례이다. 게다가 한국어 이름이다.

이런 식으로 평을 달며 구경하다 보면 볼거리, 생각거리는 넘쳐 난다.

아르바이트생이나 가게 주인은 전혀 모른다. 무슨 생각으로 물건을 쳐다보고 있는지. 살까 말까 갈등 때리는 줄 알겠지. 때로는 주머니 속에 지갑조차 없이 쳐다보고 있다는 사실은 까맣게 모르겠지, 흐흐. 나에게 소비행위 자체는 별로 즐거움을 주지 못한다. 가게에 있는 물건을 그저 집으로 위치 이동시키는 것이 뭐가 그리 좋을까? 그보다는 물건을 통해 드러나는 정신의 작용을 포착하고 가늠하는 것이 좋고, 그렇게 실컷 쳐다보고 나면 이미 다 가진 것만 같다.

오늘은 혼자가 아니었다. 나와 동행해 주고 있는 이는 아는 동생이자 동료. 무언가를 만드는 재주가 남다른 친구이다. 일거리가 들어오면 보통 이렇게 둘이서 팀으로 움직이고 여기에 필요한 사람들을 붙여 가며 진행한다. 말이 그리 많지 않아 어쩌다 한마디를 하면 왜인지 중요하게 느껴지게끔 하는 캐릭터이다. 그냥 가끔가다 할 말이 있을 뿐인데 마치 상당한 숙고 끝에 내놓는 중요 발언처럼 되고, 그에 비해 입을 자주 여는 나는 어째 가벼운 말만 하는 것처럼 되는 구도이다. 나도 말수가 많은 편은 아닌데 말이다. 그래서 그와 함께 다니면 나도 어느새 평소보다 과묵해지곤 했다. 물론 그래 보았자 크게 달라지는 것은 없지만 말이다.

"이쪽 길가는 자주 다닌 데니까 오늘은 반대편으로 가 보자. 어때?"

"네, 그러시죠."

둘이서 다니면 종종 거스 밴 샌트(Gus van Sant) 감독의 영화 「굿 윌 헌팅(Good Will Hunting)」이 생각난다. 작품의 내용과는 크게 상관이 없고, 단지 남자 둘이서 할 일 없이 쏘다닌다는 설정이 우리와 대응되는 듯해서이다. 아무 볼일도 없으면서 괜히, 정말 괜히 만나 돌아다니는 것이 핵심이다. 보통 일이 있는 상태에서 마실을 나가는 것이기는 해도 제대로 회의나 업무 분장을 한다든가 하는 일은 드물다. 그렇다고 척하면 착이어서 일이 일사천리인 것도 아니다. 삶에 목적성이 강하지 않다는 공통점으로 엮인 느슨한 우정 그리고 업무 관계로 이렇게 지내고 있는 것이다. 적어도 나는 그렇게 생각한다. 그도 동의하려나?

길이 넓어지는 곳으로 우리는 나아가고 있었다. 뒤가 시끌벅적해서 일부러 길을 비켜서니 젊은 남녀의 인파 한 무더기가 요란하게 지나갔다. 보아하니 한 그룹으로 이동하고 있는 것인데 어디서 무엇을 먹을지를 갖고 토론하느라 사뭇 들뜬 모습이었다.

"재네들도 여지없구먼. 저렇게 남녀가 함께 몰려다니는 애들치고 이상하게 들떠 있지 않은 경우가 없어. 젊은 애들끼리 어울려 다니면 오늘 좋은 일이라도 생기나 하는 기대도 들고 하겠지. 이왕 그럴 거면 좀 제대로 섞여 이야기하고 발전시키면 오죽 좋아. 꼭 저렇게 남자는 남자끼리, 여자는 여자끼리 붙어서 끼리끼리 이야기하다가 서로 눈치나 보고. 딱 적당한 정도로 눈에 띄는 돌출 행동이나 하고. 이성끼리는 무조건 놀리거나 괜한 시비조가 아니고선 절대 이야기도 못 하지. 제발 온종일 빙빙 돌려서 다가가지 말고 그냥 솔직하게 담판을 짓지. 하여튼 참."

"맞아요. 그래서 저는 애들은 안 봐요."

"그럼 누굴 보냐?"

"아저씨들이요. 아저씨들이 제일 재미있어요."

"하긴 그렇지. 아저씨들이 짱이지."

"무슨 공사나 작업하는 장면이 최고입니다."

"하하, 맞아. 무슨 말인지 딱 알지. 일하는 사람 말고 정작 그 주변에 모인 아저씨들."

"네. 특히 높은 곳에서 유리 닦기 같은 일을 하고 있을 때가 좋아요."

"이마 찌푸리고 입 살짝 벌린 걱정스러운 표정 짓고 있을 때?"

"네, 그렇죠."

"헤헤 그렇지."

아저씨들은 개성이 가장 뚜렷하고 매력적인 인구 집단이다. 어린아이들은 시끄럽고 의존적인 존재라 볼 것이 없고, 학생들은 죄다 강제된 학업과 규율에 속박된 무리라 해당 사항이 없다. 젊은이들은 남의 시선과 대중 매체에 혼이 납치되어 거의 독립적인 개인이라 할 수 없고, 젊은 부부들은 아이를 상전 모시듯 난리법석을 떠느라 마찬가지로 개인이라 할 수 없다. 아줌마들은 남의 일에 참견하느라 여념이 없으니 되었고, 노인들은 여생을 건강에 '올인'하기로 한 이상 모두 뻔하다. 남는 것은 아저씨. 하지만 회사원이나 관공서 아저씨들을 말하는 것은 절대로 아니다. 이들은 오히려 가장 지루한 집단이다. 똑같이 펑퍼짐한 양복 차림을 한 불룩한 사각형 모양의 사람들이 점심 시간이 되면 우르르 몰려나오는 광경처럼 그

자리를 뜨고 싶게끔 하는 것도 없다. 이들 몇 명이 쓰레기통에 둘러서서 커피 마시고 담배를 지지기라도 하면 산뜻하고 청량한 공원도 어느새 주차장과 같은 공간으로 심상이 바뀌어 버린다. 암, 이들 말고.

우리가 말한 아저씨들이란 그냥 조용히 지내는 중장년 남성들이다. 딱히 무슨 조직에 속해 있지도 않고, 특별히 찾는 사람도 봐 주는 사람도 없는 심드렁한 표정의 남자들. 아무도 자기에게 신경 쓰지 않는다는 것을 잘 알기에 행동에 아무런 거리낌이나 부자연스러움이 없고, 성욕과 물욕과 명예욕에 스스로를 연관 지어 생각해 본 지가 워낙 오래라 현대 사회에서 도통 자기 자리를 잡을 수 없는 그런 부류이다. 공통된 특징 중 하나는 아무도 관심을 주지 않는 대상을 뚫어지게 응시하거나 뒤적거린다는 점이다. 가령 전봇대의 일련 번호 같은 것 말이다. 어떤 때는 고개를 숙여 온 신경을 집중해서 무언가를 보고 있는데, 아무리 옆에서 뭔지 파악해 보려고 해도 안 된다. 그렇다고 정신이 좀 이상하거나 한 것은 전혀 아니다. 길이라도 물어 볼라치면 누가 잠에서 깨운 마냥 정신을 가다듬으며 성실하고 정확하게 알려 준다. 어쩌면 그것이 오늘의 처음이자 마지막 발언인지도 모른다. 물론 가족이나 친구가 있을 테니 그 정도는 아닐 것이다. 하지만 적어도 그런 것처럼 느껴진다. 사람들의 뒷모습을 물끄러미 바라보고 있는 그들의 뒷모습에서 말이다.

그때 바로 그런 종류의 뒷모습 하나가 눈에 띄었다. 지하도 입구에 물끄러미 서 있는 어떤 허름한 옷차림의 아저씨 옆에는 세숫대야 같은 것 하나가 바닥에 놓여 있었다. 가까이 가 보니 물이 채워져 있고 그 위에는 태엽 장난감들이 빙빙 원을 그리며 수영하고 있었다. 색도 모양도 조잡한 싸구려 플라스틱제 물건. 안 그래도 온라인 세계를 떠나서는 아무 관심도 없는 것이 요즘 아이들인데 하루에 하나라도 팔리려나? 이런 사람들을 보면 드는 가장 큰 의문은 '왜 하필이면 저 물건을 판매하기로 선택했는가?'이다. 본인이라면 살 것 같은 물건을 고르나? 만약 그렇다면 사실 그것이 더 신기한 일이다.

"저게 물에서 태엽으로 도는 게 아니라 그냥 땅에서 바퀴로 굴러가는 장난감이었다면 저렇게 계속 돌진 않겠죠."

강강술래를 하듯 대야의 곡면을 따라 함께 돌고 있는 희한한 광경을 보며 그가 말했다. 역시나 이런 것을 보면서도 기술적인 측면을 잘 간파한단 말이야. 그러고 보니 정말 그랬다. 앞으로 가다가 벽에 부딪히면 물에 밀려 살짝 옆으로 꺾게 되고, 그렇게 꺾기를 반복하면 마치 수영장 모서리를 짚고 다니는 아이처럼 움직일 수 있는 것이었다. 하지만 나는 이 점보다는 상품의 셀링 포인트가 궁금했다. 태엽 자체는 별것 아니니까. 그럼 물에 떠 가는 것이라서? 가만있자. 무언가 생각나는데. 아, 그 물이 어쩌고 저쩌고 하는 팟캐스트가 떠올랐다. 고체성과 액체성이 만나서 생기는 어떤 특별함을 찾아보라고 했는데, 이런 것도 해당하려나?

옛날 생각이 났다. 어머니를 따라 간 야외 수영장. 수영모를 쓰지 않아도 되었던 자유로운 시절, 빛과 물속으로 첨벙 뛰어들었던 어느 여름날이었다. 맨날 바빠 보이던 어머니도 그날만큼은 따스한 여유의 후광을 입고 나를 데려가 주었다. 싫은 것도 많고 사뭇 까다로워진 지금과는 달리 어리고 단순했던 그 시절에는 행복한 기분만 들면 그것이 비누 거품처럼 나를 감싸 외부로부터 차단시켜 주었다. 영화의 회상 장면처럼 마치 수중 카메라로 찍은 듯한 영상으로 나는 이 날을 기억한다. 네모난 화면의 찰랑이는 경계 아래쪽 반은 물, 위쪽 반은 바깥. 악어 놀이를 한답시고 수면에 간당간당하게 눈을 내놓고 먹잇감을 기다리며 둥둥 떠 있곤 했다. 그래 보았자 내가 사냥할 수 있는 것은 어머니의 팔밖에 없었지만. 큰 숨 들이켜고 푹 잠수하면 마법처럼 물속의 고요가 찾아오는 것을 처음 발견했다.

정확히 그날인지는 모르지만 이때부터 나는 윤슬에 대한 향수가 생겼다. 한마디로 꽂혔다. 물결이 햇빛에 비쳐 만들어지는, 살랑거리는 무늬. 보통은 빛에 반짝이는 물결 자체를 의미하지만, 내게 윤슬은 물결이 다른 데 투영되어 생기는 빛의 무늬이다. 찰랑거리는 물의 움직임에 빛이 비치면 근처 어디엔가 이 신비로운 영상이 투사된다. 특별히 이름이 없는 이 현상을 나는 혼자서 '젖은 불'이라 부르기도 했다. 타오르는 불꽃처럼 그것은 가만히 보고만 있어도 전혀 지루하지 않다. 나는 어디에서건 윤슬을 포착하는 능력의 소유자이다. 유리잔에서, 어항에서, 목욕탕에서. 마치 움직이는 것에만 반응하고 나머지는 보지 못하는 개구리처럼, 물의 이 하늘거리는 춤은 향기처럼 내 시야로 저절로 흘러 들어오는 듯하다. 이것을 보고 있으면 마음이 편안하다 못해 잔잔한 위로를 받는 느낌이다. 생명의 가장 기본 원소인 물과 빛이 함께 있음을 알리는 신호라서일까? 여름날 어머니의 손처럼, 윤슬은 따스한 물가로 나를 인도해 맨발을 적셔 준다. 아저씨가 지키는 세숫대야 안에서도 비치고 있었다. 오후 느지막한 햇살을 받은 흐릿한 윤슬이 작은 아지랑이처럼 피어 흔들렸다.

그러다 무늬는 없어졌다. 구름을 뚫고 나오던 기특한 태양 광선은 이제 건물 병풍에 가려 사라지고 말았다. 빛이 사물 하나를 제대로 때리지도 못하는 세상. 순간 도시의 장벽들이 숨 막히게 다가왔다. 모든 틈과 여

백이 꽉 막힌 것만 같았다. 저 완고하고 단단한 점, 선, 면 그리고 입방체들. 모든 것이 연결되어 있다지만 실은 아무것도 상호 흐르며 섞이지 않는다.

메마르고 배타적인 표면들로 모든 것은 모든 것으로부터 분리되어 있고, 공학적 미감과 마감의 균질함 속에 자연 현상의 어색한 부정형은 있을 곳이 없다. 그래서 스스로 사라지거나 이내 제거된다. 위풍당당한 빌딩의 발치에 꽂아 놓은 앙상한 가로수만 눈치 없이 꼬부라진 몇 장의 잎을 틔운다. 바닥에 툭 떨어지는 순간 바로 쓰레기로 명명된다. 갑자기 이해되었다. 논리적으로가 아니라 직관적으로. 이곳이 왜 두꺼비와 개구리가 그들답게 살기 어려운 세상인지. 무엇이 우리를 막는지. 왜 이것이 이야기인지.

"이번에 하기로 한 일은 어떤 건가요?"

내 마음을 읽은 듯 시의적절한 질문이었다. 두꺼비가 무사히 목적지에 도달할 수 있게 도와주는 일, 그것을 표현하는 일이라고 나는 알려 주었다. 얼마 전만 해도 세상에서 가장 사소한 주제처럼 여겼던 일이다. 이제는, 어떤 관심사가 되어 가고 있었다. 그는 대답했다.

"그거 재미있겠네요."

# 무대 3

에헴. 안녕하세요, 「반쯤 잠긴 무대」 세 번째 시간입니다. 지금처럼 콘텐츠가 넘쳐 나는 시대에 콕 집어 이 채널을 선택해 주신 분들께 그저 고마울 따름입니다. 아무도 안 들어도 묵묵히 할 계획이었지만 청중이 있다는 건 언제나 즐거운 일입니다.

왜 그렇게 저자세이냐고요? 꼭 그런 건 아닙니다. 요즘 매체가 하도 많아서, 그 산더미 속에서 특정 내용을 찾아 듣는 사람이 있다는 것 자체가 기적처럼 느껴집니다. 그것도 유명하지도 않은 것을요. 그런데 이런 면은 있습니다. 뭐든 자연 또는 환경과 관련된 주제로 할 때에는 미리 마음의 준비를 해 두는 경향이 있습니다. 반응이 별로일 거라는. 사람들이 선뜻 반기거나 재미있다고 생각하는 주제는 아니니까요. 마치 공부하기 싫은 아이를 설득하듯 조심스럽게 다가가 흥미 유발 포인트부터 살살 풀어야 할 것으로 여깁니다. 그래서 저처럼 그런 노력을 기울이지 않았는데도 찾아와 준 누군가가 있으면 그만큼 더 고마운 것입니다.

오늘은 여러분의 생활에서 출발해 보겠습니다. 아침에 일어나 집을 나섭니다. 날은 화창하고 새들은 지저귑니다. 기분은 상쾌하고 발걸음은 가볍습니다. 오늘따라 세상이 괜찮아 보입니다. 그래도 이 정도면 살 만한 곳이지, 암. 그래서 평소에 눈길을 잘 안 주던 곳도 한 번쯤 바라보며 미소

짓습니다. 보도블록 틈에 자란 이름 모를 풀, 전봇대 위에서 목청껏 우는 새. 모두 다 같이 잘 살았으면 좋겠습니다. 삶의 무게가 왠지 가볍게 느껴지는 날에 우리는 공허하고 비관적인 생각일랑 잠시 잊고 세상이 제대로 잘 돌아가길 진심으로 바랄 때가 있습니다. 인간 세상과 자연 모두가 사이좋게 말이죠.

그 마음을 간직한 채 조금만 더 걸어 봅시다. 그리고 주위를 둘러봅시다. 어디냐에 따라 좀 다르겠지만 실은 크게 차이가 나진 않을 것입니다. 세상이, 그러니까 인간이 차지한 부분을 제외한 문명 외의 세상이 얼마나 잘 돌아갈 수 있게끔 해 놨는지 봅시다. 꼭 생명체를 봐야 하는 것도 아닙니다. 흙을 볼까요? 어쩌다 있는 쥐똥만 한 화분 속에나 조금 있지 공원조차 바닥이 포장된 마당에, 노출된 흙은 거의 보기 힘듭니다. 기껏해야 가로수 밑동의 그 좁은 둘레가 유일한 흙의 숨구멍이죠. 나머지는 도시라는 레이어 아래에 철저하게 가려져 있습니다. 지구의 기초적인 구성 성분으로서 흙도 호흡하고 비를 맞아야 할 텐데 가장 기본적인 순환 작용조차 할 수 없게끔 돼 있죠. 손에 흙 묻히고 싶어도 묻힐 흙이 없습니다.

흙을 통해 그저 환경의 열악함을 이야기하려는 것이 아닙니다. 우리 주변에 흙이나 자연이 좀 더 많아지면 좋겠다는 것도 아니고요. 여기서 핵심은 '돌아가다.'입니다. 있고 없고의 문제가 아니라 자연이 있되 그 자연이 돌아가야 한다는 것입니다. 건물 사이사이에 조그만 녹지가 좀 있다고 해서, 베란다에 화분 좀 내놨다고 해서 뭐가 '돌아가지'는 않습니다. 그것들도 엄연히 자연이지만 모두 서로 차단되고 고립된 조각들일 뿐입니다. 가령 한 생명체의 죽음이 다른 생명체의 자양분이 될 수 없는 구조이죠. 나무들이 죽어라 만들어 뿌려 대는 열매는 구둣발에 치여 무의미하게 나뒹굴어 다닙니다. 제대로 '돌아가는' 자연이라면 적어도 일부는 누군가의 맛있는 밥이 되었을 텐데 말이죠. 우리가 사는 공간을 위에서 사진으로 찍으면 송송 박힌 나무들 덕분에 마치 자연도 함께 나름 굴러가고 있는 것처럼 보입니다. 하지만 실은 각각의 개체가 그냥 개별적인 삶을 사는 정도로 유지되는 그런 자연인 것입니다.

물론 도시에도 엄연히 도시 생태계라는 것이 있고 돌과 흙 같은 자연의 구성 성분들이 완전히 제거돼 있진 않죠. 그리고 도시는 인간이 사는 곳이고 자연은 저 바깥에 제 자리를 내주지 않았느냐고 혹자는 말할지 모릅니다. 어느 정도는 그렇습니다. 하지만 그 초라한 밸런스마저 빠른 속도로 망가지고 있습니다. 자연을 위해 할애했다고 한 저 '바깥'도 점점 바짝 죄어 오고 있습니다. 또 인간 세상에 적응한 생명체야 언제나 있고 앞으로도 있을 것입니다. 그러나 요란스러운 직박구리 소리가 여전히 우리 곁에서 들려도 그것은 가능한 무수한 새소리 중 극히 일부라는 점이 중요합니다. 그냥 있다고 되는 것이 아니라, 다양하고 풍성하게 그리고 잘 돌아가야 한다는 점을 잊지 말아야 합니다.

이런 이야기를 하는 이유가 무엇일까요? 우리의 주인공인 습지, 반쯤 잠긴 무대와는 무슨 관련이 있을까요? 이야기를 하다 보면 뒤에 가서 연결될 거라 믿고 해 봅니다. 돌아가는 자연. 이것은 다른 말로 하면 자연이 생태적 섭리에 따라 작동될 수 있도록 통로를 열어 놓는다는 뜻입니다. 가령 강이 그냥 흘러가게끔 놔두는 것과 같은 단순한 의미입니다. 문제는 그 통로가 막혔을 때에도 여전히 사람들은 자연이 잘 작동하고 있다고 생각한다는 것입니다. 가령 강에 보나 수문이 설치돼도 많은 이가 차이점을 전혀 느끼지 못합니다. 어쨌든 조금이라도 물이 흐르니까요. 유속이 좀 달라졌을 뿐인데 뭐. 물고기들 잘만 살겠지. 봐, 새들도 많잖아. 농업 용수를 확보하려면 암. 산란하러 강을 거슬러 올라가는 연어나 숭어의 살길이 완전히 막혔다는 사실은 전혀 고려되지 않습니다. 이 물고기들의 관점에서 보면 보나 수문이 설치된 강은 이미 강이 아닙니다. 통로가 꽉 틀어막힌 것이죠. 딱 보기에는 그곳에 강이 버젓이 '있지만' 그 강의 수중 생태계를 보면 제대로 '돌아가는' 것이 아닙니다.

잠시 장소를 이동해 봅시다. 모처럼 바닷가로 가 볼까요? 아까는 흙 이야기를 했으니 이번엔 돌 이야기를 해 봅시다. "바다다!" 외치며 달려가 밟는 모래사장은 참으로 폭신합니다. 파도가 적시는 곳에서부터 육지를 향해 맨발로 걸어 봅시다. 점점 발이 불편해지죠? 나중엔 너무 거칠어져 걷기가 힘듭니다. 입자가 굵어진 까닭에 그렇죠. 너무나 당연합니다. 저쪽 산에서부터 돌이 때굴때굴 구르다 보면 마찰로 깎여 점점 작아지고, 밀리고 밀리다 이렇게 땅 끝까지 도달할 때는 아주 작고 부드러워져 있습니다. 점진적인 변화로, 영어로는 그러데이션(gradation)이라 합니다. 누구나 아는 이 현상에서 제가 추출하고 싶은 바는 이것입니다. 산에서 바다까지 돌이 깎이며 구르는 길, 그 길을 보자는 것입니다. 어때요? 저 산에서 여기까지 돌이 오려면 상당히 힘들겠죠? 어휴 저 건물들, 저 4차선 도로, 저 하수구. 굴러오다가 다 '나가리' 되겠구먼. 네, 그렇습니다. 지질학적으로 단순 설명할 때에는 너무 쉬운 이야기이지만, 막상 풍경을 보며 돌의 여정을 상상해 보면 그리 만만치 않아 보입니다. 이 상태로는 파도에 쓸려 나가는 양만큼 위에서 충분히 공급될 것 같지 않습니다. 그래서 실제로 다른 곳에서 모래를 퍼다 보충해 줘야 하는 해변이 상당수이죠.

그럼 드디어 물로 이야기를 틀어 봅니다. 흙과 돌 다 했으니 순서상 나올 법도 하죠. 물은 흐르기 때문에 그야말로 통로에 따라 크게 좌지우지되는 존재입니다. 이번엔 학창 시절로 돌아가 봅시다. 물에 대한 이야기를 하려면 약간의 부교재가 필요해서 그렇습니다. 직접 하기 귀찮을 테니 상상으로만 따라와 주십시오. 과학 시간과 미술 시간의 짬뽕 정도로 생각하면 되겠습니다. 준비물은 제가 이미 이렇게 준비해 놨습니다. 찰흙, 수조 그리고 물이면 충분합니다. 준비되셨나요?

아주 간단합니다. 수조 안에다 찰흙으로 육지를 만드는 것입니다. 모

양이 괴상망측해도 좋으니 자유롭게 비벼 보십시오. 단, 이때 물을 부을 거니까 수조 한쪽 벽면 높은 곳까지 찰흙을 붙이고, 거기서 완만하게 내려오는 경사를 만듭니다. 이상한 모양의 땅덩어리가 다 만들어졌으면 이제 가장 높은 지점에서부터 강을 하나 만듭니다. 손가락으로 눌러 아무렇게나 구불구불 아래로 내려오게 하면 됩니다. 이 아래가 바다가 되겠죠? 제법 그럴듯한 지형의 모습이 갖춰졌다 싶으면 이제 물을 붓습니다. 우선 땅이 잠기지 않을 정도로만요. 됐나요? 자, 이 마지막 단계가 중요합니다. 손으로 파낸 강 상류에서부터 물을 부드럽게 붓기 시작합니다. 천천히.

어때요? 어렵다고요? 진짜로 하고 있지는 않아도 물이 생각처럼 파 놓은 홈에 딱 맞게 졸졸 흐르지 않는 게 눈에 보이는 것만 같습니다. 옆으로 새고 넘치고 난리이죠. 하지만 걱정 마십시오. 바로 그게 핵심이거든요. 칠칠맞지 않게 여기저기에 물을 흘린 곳들, 물을 붓다 살짝살짝 넘쳐 젖거나 물이 고인 곳들. 바로 그곳들이 습지입니다. 다르게 표현해 볼까요? 여러분이 수전증에 시달리는 바람에 물을 강폭에 딱 맞게 깨끗하게 붓지 못했죠. 하지만 원래 강이란 그렇습니다. 비가 내려 불어난 강물

은 자연스럽게 강 옆으로 넘쳐흐르게 돼 있습니다. 물이 옆으로 번지는 것이죠. 강이 바다를 만나는 일대는 이미 물에 꽤 잠겨 버렸습니다. 찰흙 모형에 물을 따르던 여러분의 떨리던 손길은 이런 물의 번짐 현상을 재현한 신의 손이었던 것입니다. 이렇게 부은 물도 며칠 지나면 증발해서 줄어들 것입니다. 젖었던 곳 중 일부는 어느새 다시 물 밖으로 건조한 모습을 드러내겠죠. 많았다 적었다 하는 너무나도 당연한 물의 변화에 따라 젖었다 말랐다 하는 곳이 자연스레 생깁니다. 이런 곳의 가장 두드러진 특징은? 축축하다는 것. 뭍이면서 물이라는 것. 젖은 땅, 즉 습지라는 것입니다.

"그게 뭐가 대수냐?"라고 할 수도 있겠죠. 뭐 대수까지는 아니지만 이 점이 특별하다는 걸 말하고 싶습니다. 우리는 보통 사물이 딱 떨어지는 것을 좋아합니다. 산은 산, 강은 강, 바다는 바다. 연필로 그은 것처럼 분명하지는 않지만 대체로 뚜렷한 경계가 있죠. 풍경화를 그린다고 치면 실선으로 쓱쓱 그리기 쉬운 것들입니다. 또한 각 존재는 안정된 정체성을 지닙니다. 아예 돌과 흙으로 다져져 있거나 아예 물로 차 있거나 하죠. 10년이면 강산도 변한다는 말은 뒤집어 보면 평소에는 거의 변화 없이 굳건해 보인다는 뜻입니다. 눈이 오건 비가 오건 바람이 불건 산은 산이고 바다는 바다입니다. 우리가 인식하기에 편리한, 비교적 정적인 형태라 할 수 있습니다.

다시 상상 속 모형을 바라봅니다. 찰흙과 물로 만들어진 저 풍경에 뭐가 보이느냐고 묻는다면 바다와 강과 산이 있다고 대답하겠죠. 물이 넘쳐 젖은 부분은? 콕 집어낼 수나 있었을까요? 그 부분을 제가 굳이 손가락으로 가리키지 않았다면 어떤 실체로 봐 주지도 않았을 가능성이 높습니다. 여기저기에 묻은 물은 그저 '실수'이거나 세상일에 보통 수반되는

'오차' 정도로 여겨질 것입니다. 한마디로 눈에 띄지도 않았겠죠. 그런데 바로 그곳이야말로 진짜입니다. 다른 게 가짜라는 뜻이 아니라, 실수 또는 오차 정도로 대수롭지 않게 치는 처우에 비춰 봤을 때 진짜라는 뜻입니다. 물에 적셔진 땅은 그냥 젖은 땅이 아닙니다. 조금 이따 물이 마르면 다시 그냥 땅이 되는 그런 것이 아닙니다. 모형은 찰흙과 물로만 돼 있기에 잘 드러나지 않습니다. 그러나 툭 하면 젖거나 잠기는 그곳은 바로 그 특징 때문에, 그 수륙 양용성 때문에 전혀 색다르고 독특한 동적인 실체를 갖는 것입니다.

습지에 대해 말하기 위해 저는 처음부터 단도직입적으로 습지가 이러저러하다고 할 수 있었습니다. 하지만 그렇게 하지 않았습니다. 도시의 흙과 녹지가 얼마나 고립돼 있는지 말하면서 출발했습니다. 다음에 바닷가의 모래와 조약돌을 손에 쥐며 내륙으로부터 굴러오는 여정을 상상했습니다. 그러고 나서 이윽고 구불구불한 지형을 따라 흐르는 강을 손으로 만들어 가며 습지의 형성을 시뮬레이션하기에 이르렀습니다. 이렇게 긴 우회로를 택한 데에는 나름의 이유가 있습니다. 그것이 과연 효과적인 길이었는지는 여러분이 어떻게 느끼느냐에 달려 있겠죠.

이 단계를 거침으로써 제가 연출하고 싶었던 바는 세 가지입니다. 첫 번째는 근본으로 돌아가기입니다. 지구 생태계의 가장 기초적인 구성 성분인 흙, 돌, 물의 차원에서 우리 눈앞의 세상을 다시 보자고 했던 것입니다. 동물이나 식물까지 갈 것도 없이, 생명 현상의 근본 물질부터 고립되고 틀어막혀 버린 상황에 대한 감을 잡기 위함이었습니다. 두 번째는 큰 그림 그리기입니다. 어디든 자연은 있지만 흙 한 줌, 돌 한 개, 물 한 모금이 혼자 덩그러니 또는 띄엄띄엄 있어서는 큰 의미가 없습니다. 더욱 거시적인 경관의 수준에서 자연의 연결성을 인식하는 시점을 제안하려고 했던 것입니다. 세 번째는 흐름입니다. 흙은 호흡해야 하고 돌은 굴러가야 하며 물은 흘러넘칠 수 있어야 합니다. 자연이 제 방식대로 펼쳐질 기회가, 통로가 열려 있어야 합니다. 그냥 있기만 해서는 안 되고, 제대로 돌아가야 비로소 자연임을 느끼는 감각을 강조하고자 했던 것입니다.

우리의 반쯤 잠긴 무대, 즉 습지는 물이 넘실거리며 자유 발랄하게 대지를 적실 수 있을 때 생겨나는 그런 공간입니다. 생명의 근간을 이루는 저 물이 원래 제 성질대로 넘치기도 하고 고이기도 하고 흥건한 짓을 저지르며 돌아다니다 보면, 물과 뭍의 기가 막힌 조합이 곳곳에 탄생하는 것입니다. 변화무쌍한 지형의 온갖 기상천외한 곡면마다 골고루 훑으며 물은 만났다 헤어졌다 머물렀다 떠났다를 반복합니다. 말 그대로 흐름입니다. 습지는 물의 자유분방한 움직임과 체류에 따른 하나의 결과입니다. 그래서인지 습지는 유난히 '자연스러워' 보입니다. 물의 흐름이 저절로 이른 곳이기 때문입니다.

이제 눈을 들어 실제 세계를 바라봐 주시기 바랍니다. 밖에 비가 오

나요? 물은 없더라도 흐름을 상상해 보십시오. 어때요? 흐를 수 있을까요? 물이 흐르고 고이고 넘실넘실 들판을 적시는 게 가능해 보이나요? 안타깝게도 제 눈에는 그리 녹록지 않아 보입니다. 흐름과 머무름의 미학이 이곳에서 일어나는 것은 가능해 보이지 않습니다. 그물망 같은 배수로와 직선화된 하천을 통해 물을 '처리'해 버리는 곳에서 흐름의 자유는 엄격하게 통제될 수밖에 없습니다. 이곳은 물의 출입과 체류를 허하는 곳이 아니라 물을 가두거나 추방하고자 하는 곳이기 때문입니다. 그래야 이 문명의 기초가 되는 건조함과 단단함을 도모할 수 있을 테니까요.

그래서 저는 습지를 볼 때마다 이런 생각이 듭니다. 박해에 굴하지 않고 살아남은 또 하나의 조용한 투사이구나. 하지만 습지의 얼굴에는 마음고생의 빛이 보이진 않습니다. 대신 잔잔하고 평화로운 수면에 빛과 생명체들이 어울려 살랑거립니다. 저도 짐을 벗고 물가에 앉습니다. 이대로 그저 이대로만 있었으면 좋겠습니다.

그럼 이만 줄입니다. 다음 시간에 또 뵐 것을 기대합니다. 안녕히 계십시오.

# 4장

요즘은 서점만 갔다 오면 씁쓸한 기분이 든다. 거의 야단을 맞고 온 느낌이다. 자기 계발서들이 펼쳐진 매대를 쭉 훑어보면 하나같이 나를 향해 윽박지르고 있다. 그냥 그렇게 생긴 대로 살 것인가, 일찍 일어나라, 수동적인 자세 집어치우고 능동적으로 임하라, 성공하는 사람들의 습관을 본받으라. 저렇게 많은 책이 나와 있는 것을 보면 웬만한 세상 사람들은 다 잘못되었거나 적어도 한참 모자라다는 뜻이지 않을까? 타고난 성격이나 적성은 물론 작은 습관까지도 다 바꿔야 한다는데, 그 정도면 아예 이번 생은 그냥 포기하고 다음 기회를 노리는 것이 현명한 판단이 아닐까 싶기도 하다.

버스와 지하철에 징글징글하게 붙어 있는 성형외과 광고도 이에 합세한다. 얼굴이나 몸을 그냥 놓아둔다는 것은 어쩔 수 없는 재정적 이유가 아니고서야 있을 수 없다는 식이다. 게다가 요즘에는 논조가 달라져서 수술은 그저 당신의 '내적' 아름다움을 이끌어 낼 뿐이라 하니, 얼굴에 칼을 대지 않은 나는 가진 것도 못 살리는 꼴이네. 옆에 다른 광고를 봐도 크게 다르지는 않다. "아직도 ××를 사용하고 계십니까? 지금 ○○로 바꾸세요!" 내가 걸친 옷과 가진 물건 모두 교정 또는 교체 대상, 저 학원 저 보험 등록 안 하고 가만히 있는 것만으로도 거의 죄인이다. 외출 한번 하면 내가 얼마나 결함 덩어리인지를 파상 공세로 지적당한다. 그러니 씁쓸할 수밖에.

누가 무어라 하지 않는 이상 나는 기본적으로 평화로운 사람이다. 나를 억지로 바꿔 가며 사회에 적응하려고 아등바등하는 스타일은 아니다. 지구의 역사와 인류의 진화 과정이 21세기에 나 같은 놈을 떡하니 내놓았다는 사실은, 그냥 가진 것으로 살 수는 있다는 하늘의 뜻이라고 나는 받아들인다. 변화나 발전이 필요 없을 정도로 지금의 내가 완전하다는 뜻은 물론 아니다. 설마! 내가 변화를 좇기보다는 변화의 물결이 내게로 지그시 오면 자연스레 몸을 맡기는 편이라는 것이다. "시가 내게로 왔다."는 시인 파블로 네루다(Pablo Neruda)의 말처럼.

그래서인지 나더러 둥둥 떠다니는 것 같다고 말하는 이들이 있다. 세상만사와 큰 상관없이 혼자 천천히 유영하는 것 같다나? 맞는 말이다. 실제로 그런 기분으로 돌아다닐 때가 많기 때문이다. 투명한 거품 안에 들어가 두둥실 공기를 타고 대충 앞으로 굴러가는 느낌으로. 거대한 기류나 해류에 몸을 맡긴 듯이. 요즘 누구나 귀에 꽂고 있는 이어폰 같은 것의 도움 없이도 나는 외부 세계를 차단하는 것에 능하다. 특히 햇빛이 찬란한 화창한 날이면 무지갯빛 거품 속에 편안히 들어앉은 듯 흠뻑 취해 있는 나 자신을 발견할 때가 많다. 그럴 때는 버스 맨 뒤에 앉아서 즐기는 혼자만의 몽환적 여행만 한 것이 없다. 창문을 살짝 열고 구석에 머리를 기댄다. 그러다 보면 어느새 눈꺼풀 커튼이 스르륵 내려온다. 음냐, 쩝쩝.

그렇다고 내가 잠꾸러기인 것은 아니다. 좀 졸려 보인다는 말은 듣는 편이지만. 잔다는 것은 아예 다른 세계에 가 있는 것이니까. 옛날에 같은

반 친구 중에는 그런 애가 있었다. 남들은 꾸벅꾸벅 졸 때, 이놈은 아예 몸을 옆으로 돌려 벽에 기댄 채 한마디로 대놓고 잤다. 오죽하면 별명이 '뇌사'였을까. 주무시는 와중에 잠꼬대가 튀어나오는 일마저 있었다. 이런 친구에 비하면 나는 그렇게 아무 때나 잠드는 편은 아니다. 다만 전혀 다른 물질 속에 들어가 있는 사람 같다고 그들은 말하곤 한다. 마치 물속에 들어가 있는 것처럼.

필요에 따라서 나는 물 밖으로 나오기도 한다. 매사에 무심할 수는 없으니까. 가령 오늘은 유난히 정신 집중을 요구하는 날이었다. 평소와 다름없는 평온한 아르바이트를 기대했지만 아침부터 일진이 꼬였다. 무려 두 명이나 찾아온 진상 손님을 응대하느라 오전 내내 허비하고, 잘못 배달된 택배 때문에 점심 시간도 꼬여 버렸다. 설상가상으로 재료까지 떨어져 갑자기 장을 봐야 하는 사태까지 겹쳤다. 이제야 한숨 돌리나 싶더니 이번에는 한 아이가 누군가의 손목을 잡고 들어왔다. 언제 어디서나, 아이의 출현은 별로 좋은 징조가 아니다.

각종 모형과 장난감이 가득한 이 카페의 특성상 아이만 들어오면 경계 태세를 한 단계 올려야 한다. 함부로 만지작거렸다가 무슨 일이 일어날지 알 수 없기 때문이다. 서비스가 지장을 받아도 좋으니 철책 근무하듯 물건들을 감시하라는 사장님의 지령도 있었다. 이 말을 들었을 때에는, 그럼 무엇 하러 이렇게 손 닿는 곳에 내놓았느냐는 생각부터 들었다. 그렇게 소중한 것이라면 그냥 집에 모셔 놓든가. 뻗으면 닿을 것만 같이 해 놓고서는 절대로 못 갖게 하는 것, 요즘 사람들의 변태적인 취향을 잘 보여 주는 대목이다. 어쨌든 여기서 일하는 이상 나는 명을 받들어, 들어오는 아이마다 강한 눈빛을 쏘아 준다. 그들은 안다. 누가 자신에게 온화한지 아닌지. 그것 하나는 리트머스 시험지처럼 기가 막히게 판단할 줄 아는 녀석들이다. 너 이놈, 내가 단단히 지켜보고 있음을 명심하거라.

그런데 생각보다 조용하군. 함께 온 고모라는 여자 옆에 붙어 멀리 가지도 않고. 다행히도 아이를 다룰 의지가 있는 보호자였다. 내가 말하기도 전에 함부로 만지지 말라고 해 두는 것을 보면. 게다가 흥미로운 것은 그 여자가 아이에게 해 주는 이야기들이었다. 장난감들을 보고 아마 즉석에서 이야기를 지어내는 모양이었는데 이 덕분에 손을 못 대게 해도 아이는 듣는 것만으로 충분히 즐거워 보였다.

"이 돌고래는 수족관에 갇혔다가 사람들이 집으로 다시 돌려보내 줘서 기분이 좋은 거야!"

아, 그래요? 그냥 가만히 있는 모형을 보고 만들어 낸 이야기치고 나쁘지 않았다. 이 정도면 일단 오케이. 하지만 언제나 잠깐 마음 놓았을 때 일이 벌어지는 법이다. 별 위험이 없다고 판단하고 돌아서서 일을 보고 있을 때 소리가 들려왔다. 와장창. 소리에는 참 많은 것이 담겨 있다. 상상이 그려 낸 이미지, 향후 발생할 귀찮음, 피해의 규모에 대한 우려 등. 무료할 때는 무엇이라도 벌어지기를 바라지만, 막상 벌어지면 그 무료함이 그리도 그리운 것이 인간 마음의 간사함이다.

“정말 죄송합니다! 제가 주의를 줬는데도. 참 너는, 조심하라고 했잖아!”

소리에 비해 피해가 크지는 않았다. 어질러진 양상을 보니 어떻게 된 일인지 그림이 그려졌다. 의자와 가까운 곳에는 큰 범선 모형이 하나 전시되어 있었다. 이쪽은 사장님이 나름 해양 섹션으로 구획해서 큐레이션 해 놓은 부분으로 각종 배와 항구 시설, 바다 동물들이 전시된 곳이다. 문제는 범선에 붙어 있던 작은 구명선이었다. 워낙 길고 가느다란 실로 본체와 연결되어 있는 바람에 언뜻 보면 홀로 떨어져 있는 것처럼 보이는데, 그것 정도는 좀 만져도 괜찮다 싶어 잡아당기는 바람에 배 전체가 끌려 옆으로 무너진 모양이었다. 손상된 것은 딱 하나. 가장 큰 기둥에 망루가 하나 있는데 그 위의 깃대가 부러져 있었다.

연거푸 사과하는 보호자를 적당히 안심시키고 나는 사장님께 피해 사실과 상황을 문자로 보고했다. 이렇게 일러바치는 식의 행동이 썩 내키지는 않지만 별 도리가 없었다. 나름 보상을 받아야 할 일인지, 애가 한 짓이니까 그냥 넘어가도 될 일인지 판단이 서지 않았다. 보통의 아르바이트라면 이런 이상한 수습 행위까지 업무에 포함되지 않을 텐데. 나 참. 이런 것을 전화로 설명하면 괜히 내가 화풀이의 대상이 되기 쉽다. 듣는 사람이 혼자 화를 냈다 식히고 나서 반응할 시간을 주는 의미에서 문자로 넣어 주는 것이 최상이다.

사장님, 가게에서 일이 하나 발생했습니다. 어린애 하나가 전시된 배를 만지다가 넘어뜨려 깃발 하나가 부러졌습니다. 보호자가 처음부터 조심시켰고 특별히 난동을 피우거나 한 건 아니었습니다. 다만 배들이 의자와 워낙 가까운 데다, 작은 구명선이 큰 배와 줄로 엮인 걸 못 본 것 같습니다. 잘못 잡아당겨서 배가 넘어진 모양인데 말씀드린 것 외에 큰 피해는 없는 상황입니다. 보호자도 계속 죄송하다고 말씀하시는데 그냥 보내 드려도 괜찮을까요? 혹시 달리 조치하는 게 필요하다고 생각하시면 알려 주시기 바랍니다.

점잔을 빼는 어른들이 차에 머리카락만 한 흠집 하나만 나도 절대로 그냥 넘어가지 않는 것. 정말 꼴불견이다. 무엇이 그리 흠 잡을 데 하나 없는 상태로 유지되어야 하는지! 그 정도로 매사에 완전한 외형을 추구한다면 나라가 이 모양이 아닐 텐데. 물건이라는 것은 쓰려고 있는 것이고, 쓰다 보면 세월의 흔적이 묻는 법인데 무엇을 그리 깐깐하게 구는지 모른다. 물론 남의 물건 함부로 대하는 쪽도 못 봐주는 것은 마찬가지이다. 무엇을 잘못 건드리고 나서 제대로 사과하는 사람도 귀한 세상이다. 카페라는 데가 인간 유형의 천태만상을 배우기에는 아주 그만인 곳이라 나도 볼 만큼 보았다. 그렇게 생각하면 이 분 정도면 양호한 편이었다. 띵. 평소에는 연락해도 한참을 말이 없던 사장님이 오늘따라 놀라운 속도로 답장을 보내왔다.

세로 검정 줄무늬로 된 돛이 달린 큰 배 말인가요? 확보하기 까다로운 아이템인데……. 일단 연락처를 받아 놓으세요. 좀 더 알아보고 다시 연락할 테니 대기해 주세요.

대기? 이것이 웬 어이없는 과민 반응인가? 딱히 마음 넓은 성격이 아니라는 것은 알았지만 이렇게 정색하고 달려들 줄은 정말 몰랐네. 하지만 대충이라도 무슨 정황인지 알려 주고 연락처를 받든지 해야지 나중에 완전히 딴말을 하면 갈등만 증폭된다. 귀찮더라도 상황 정리를 해야 나중에 내가 편할 것 같아 좀 더 묻기로 했다.

그럼 배상해야 할지도 모른다고 말해야 하나요? 제가 보기엔 예의 바른 분인데 정말 실수로 한 것 같습니다. 정 필요하시면 약간만 내시라 하고 정리하는 게 어떨까요?

그러고 보니 나로서는 최초로 무언가를 제안한 행동이었다. 안 하느니만 못했을까?

당연히 배상 생각하고 있습니다. 그렇게 물렁하게 처리했다가는 나중에 또 어떤 일이 터질지 모릅니다. 이런저런 판단하지 말고 그대로 전하세요.

오늘은 확실히 일진이 안 좋은 날이었다. 진상 손님이 연속으로 왔을 때부터 알아보았어야 했는데……. 창문 밖에는 짙은 먹구름이 미간을 잔뜩 찌푸린 채 우우 몰려오고 있었다.

작은 일이 작지 않게 느껴질 때가 있다. 평소 같으면 얼마든지 지나칠 수 있는 사소한 것이 오늘따라 그냥 안 지나쳐지는 그런 날. 비슷한 사건이 누적되다 어느 순간 터지는 것일 수도 있다. 아니면 아무 징조 없이 문득 주의가 환기되는 것일 수도 있다. '이건 아니다.'라는 마음속 작은 등이 딸깍하며 켜지는 소리. 아까 분명히 들렸다. 사장님의 말씀을 전하면서 눈빛으로라도 나는 다른 편임을 알리려 했지만 물론 허사였다. 걱정스러운 표정으로 전화 번호를 남기고 돌아서는 그 여자와 아이의 뒷모습에는 처분을 기다리는 자의 불안함과 처량함이 배어 있었다.

가게 문을 마감 시간보다 30분이나 일찍 걸어 잠그면서도 나는 사뭇 당당했다. 손님을 더 받을 기분도 아니고 한 명이라도 이곳에 덜 오게끔 해 주고 싶었다. 어차피 사람을 받아 줄 자세가 안 된 곳인데 뭐. 사람이 사람답게 행동하지 못하는 곳을 나는 온 마음을 다해 미워한다. 가령 신분증을 맡겨야 방문이 가능한 아파트, 계단으로 갈 수 없고 반드시 엘리베이터를 타야 하는 건물, 활짝 열리는 창문이라고는 없는 집, 개별 냉난방 조절이 안 되는 호텔 객실. 온갖 이유를 들어 삶의 가장 기본적인 행동조차 불허하는 지독한 부자연스러움의 전당들이다. 인간을 위해 만들어 놓고서 인간의 가장 기초적이고도 자연스러운 거동조차 억제한 이 자가당착을 왜 아무도 말하지 않는 것일까? 원하는 대로 주문하면 안 되고 반드시 몇 인분 이상을 시켜야 하는 식당, 어차피 다 버릴 잔반을 위생 운운하며 못 싸 가게 하는 밥집, 앉아서는 안 되는 잔디, 발을 담가서는 안 되는 계곡. 세상에 얼마나 이상한 사람들이 많으면 이 지경이 되었겠느냐마는, 이것은 아니다. 정말 아니다.

손도 못 대게 할 것이라면 무엇 하러 장난감들을 저토록 화려하고 풍성하고 접근 용이하게 전시해 놓은 것인지. 도무지 이해가 가지를 않는다. 저 상태로는 거의 함정이나 다름없지 않은가. 건드리고 싶게 해 놓고 유인한 다음에 확률 높은 '사고'가 나면 몇 배로 뜯어내는 식으로. 음료나 과자 대신 그것이 이 카페의 진정한 수익 구조인지도 모른다. 아, 됐다. 이제는 저곳에 다시 돌아가고 싶지 않다. 어차피 벌이도 얼마 되지도 않는 것. 이참에 이 핑계로 그만 일하면 딱 되겠구먼. 방금 전까지만 해도 이 일이 특별히 싫은 것도 아니었는데, 갑자기 더 이상 참을 수 없을 정도로 느껴졌다. 한시라도 빨리 발을 빼고 싶었다. 무언가를 그만 하기로 마음먹은 그 순간에 피어오르는 묘한 희열과 자유의 기운이 몸속에 따뜻하게 퍼지기 시작했다. 아무리 사람을 속박해도, 마침표를 찍는 것은 절대로 속박할 수 없는 법이다.

물렁하면 안 된다고 했다. 말과 표현에 등장하는 물성이 흥미롭다. 일을 똑 부러지게 한다든지, 강단이 있다든지, 야무지다는 표현은 하나같이 고체의 성질이 바탕을 이루는 말들이다. 경계가 뚜렷하고 형체가 확고하며 성질은 단단한 것에 부여하는 긍정적인 의미가 확연하다. 물론 너무 딱딱하거나 빽빽하다고 하면 부정적인 뜻이지만 그저 정도를 많이 벗어난 경우에 한해서 일컬어질 뿐이다. 반대어라 할 수 있는 부드러움 역시 천이나 털과 같은 고체의 부드러움을 말하는 것이다. 우리 문화는 의사 소통에서 여실히 드러나듯이 정형(定形)에 높은 가치를 두는 고체 숭상의 문화이다. 이에 반해 액체로 대변되는 속성은 더욱 하등한 것을 묘사하는 데 동원된다. 물렁하다, 물러 터졌다, 맺고 끊는 것이 없다. 예술에 대해 이야기할 때에는 간혹 액체의 성질이 좋은 의미로 활용되기도 하지만, 진정으로 이 문명이 추구하는 가치는 여기저기로 퍼지는 부정형의 액체와는 반대의 대척점을 향하고 있다. 그것이 싫으면? 그저 흘러가는 대로 휩쓸려 떠내려가는 수밖에.

# 무대 4

안녕하세요,「반쯤 잠긴 무대」입니다. 여러분은 어떤 공간에서 이 방송을 듣고 있는지요? 저처럼 평범한 네모난 방, 창문 하나쯤 나 있는 곳이겠죠. 이곳에 앉아서 언제나 하고 있는 짓이란 더 넓은 세상을 꿈꾸는 일이랍니다. 성냥갑 또는 서랍 같은 이 칸이 아늑하지 않은 것은 아닙니다. 사는 곳인데 정도 들고 나름 꾸며 놓기도 했죠. 사실 보면 그리 나쁘지 않습니다. 하지만 이 넓은 세상에서 이 티끌 같은 점에 고정돼 지내는 것이 답답하다 못해 거의 잘못처럼 여겨집니다. 대지의 이모저모를 두루두루 밟으며 맛보고 경험하고 싶은데, 실제 삶은 화분처럼 한곳에 박혀 지내는 꼴이니 뭔가 안 맞는 것이죠. 이렇게 무대를 마련해서 여러분께 건네는 말도 울타리를 벗어나고 싶은 몸부림의 일환일지 모릅니다.

제가 어렸을 때 도무지 이해할 수 없었던 것 중 하나는 무엇 하러 호텔 같은 데에 방 하나 빌리려고 비싼 돈을 내느냐 하는 것이었습니다. 물건이나 음식처럼 어떤 물질을 진짜로 얻는 것도 아니고, 그냥 빈 공간을 잠시 빌리기 위해 돈을 낸다? 말은 안 했지만 속으로 정말 못 할 짓이라고 생각했습니다. 게다가 우리 집보다 훨씬 작은 쥐꼬리만 한 곳에, 덜렁 침대만 있지 재미나 쓸모 있는 물건이라곤 하나도 없는데 말이죠. 가족 수만큼 돌아가지도 않는 의자에 털썩 걸터앉고 나면 이보다 지루하고 돈 낭비인

건 없다는 확신만 강해지곤 했답니다. 그때는 몰랐죠, 공간이야말로 가장 비싼 재화인 줄을. 하루 숙박을 위한 방 한 칸이 여행 경비의 가장 큰 부분이라는 것을. 공간은 어린아이에겐 그냥 주어진 것으로 여겨지지만 실은 획득하기 위해 인생을 바쳐야 하는 무엇이라는 것을 당시에는 알 턱이 없었습니다.

스스로 어른이라고 자부하는 우리는 토지의 사유화와 부동산 시장의 원리를 이해하고 수용하고 우쭐댑니다. 땅을 잘게 쪼개 경계선을 엄격하게 긋고, 각각의 조각을 어떤 특정한 목적에 할애하는 것을 당연하게 받아들입니다. 주택, 공장, 도로, 상점, 농지 등. 각 '칸'은 법적으로, 행정적으로, 물리적으로 구분돼 있죠. 이렇게 칸으로 땅을 나누는 시선과 사고방식에 익숙해진 우리는 이것이 지극히 인위적인 발명품이라는 것을 때때로 잊고 살고 있습니다. 우리끼리야 지도에다 선 긋고 여기는 내 땅 저기는 네 땅 하면서 살 수도 있겠죠. 하지만 자연은 한 번도 이런 게임의 법칙에 동의한 적이 없다는 것을 기억해야 합니다. 아니 동의하고 싶어도 할 수가 없죠. 자연은 그런 식으로 돌아가지 않으니까요.

일전에 인천의 송도를 방문한 적이 있었는데, 갯벌 매립 작업이 한창이던 그곳을 둘러친 울타리에 지도가 하나 걸려 있었습니다. 어디가 개발 구역인지를 알리는 지도이더라고요. 그런데 갈아엎어지는 그 넓은 지대와는 비교도 안 될 만큼 초라한 크기의, 점선으로 표시된 구역이 지도 한 구석에 보였죠. 다름 아닌 영광스럽게 지정된 '생태 보호 지역'이었습니다. 그걸 동물들이 어떻게 압니까? 그 비싼 땅을 미천한 동식물에게 할애해 주신 것이야 황송하지만 그 특정 '칸'만이 비인간 방문자를 위한 것이라고 아무리 생색내 봤자 정작 당사자들은 전혀 알 길이 없습니다. 물론 거기만 빼고 전부 다 작살내면 거기라도 가겠죠. 어쩔 수 없이 말이죠.

그런데 사람들이 멋대로 땅을 구획해 놓은 이 일방적인 조치에 가장 비협조적인 게 한 가지 있습니다. 아니 협조하고 싶어도 속성상 그럴 수 없는 존재, 그리고 바로 그렇기 때문에 인간들의 칸 나누기에 가장 골칫덩어리가 되는 것이 있습니다. 네, 그렇죠. 바로 물입니다.

가만. 그런데 왜 계속 물 이야기만 하느냐고요? 최근에 누군가 묻더라고요. 전생에 무슨 오리였냐고. 글쎄요, 잘 모르겠습니다. 저는 물이 이상하게 와 닿습니다. 자연이라면 다 좋지만, 거기에 물이 흘러 들어오는 순간 그냥 마음이 적셔지는 것만 같습니다. 이것이 저만이 아니라 남들에게도 적용되는 보편적인 현상이라는 혼자만의 믿음을 갖고 이 자리까지 만든 것이랍니다. 좀 특이하게 들릴지 모르겠지만, 제 관점에서는 정치나 역사나 스포츠나 연예계보다 이것이 훨씬 더 중요하고 자연스러운 주제이자 관심사로 보입니다. 아무튼 나름의 목적을 갖고 하는 이야기이니 참을성 있게 따라와 주시면 감사하겠습니다.

다시 이야기로 돌아갈까요? 인간이 땅에 금을 그어 정리해 놓은 걸 단숨에 망가뜨리는 존재로서 물을 언급했습니다. 이것이 가장 잘 나타나는 곳이 바로 강변입니다. 물은 강에서 흐르면 되고, 그 옆에는 멋진 호텔과 별장, 식당이 있으면 되겠죠? 캬! 물가에 앉아 분위기 내는 것, 그것만 한 게 있나요? 그래서 다들 전망 좋은 물가를 확보하려고 그렇게들 난리를 치지 않습니까. 아, 그런데 분위기 못 맞추게 짜증나는 게 하나 있죠. 이놈의 강물이 때때로 넘쳐 버리는 것 말입니다. 물은 좀 물이 있을 자리에 얌전히 있으면 좋겠는데 굳이 벗어난단 말이죠. 비 한 번 세게 오고 나면 넘쳐흘러 강변에 자리 잡은 논이고 밭이고 건물이 죄다 잠겨 버려 엉망이

되는 게 영 골칫덩어리입니다. 그러니까 물이 넘치지 않도록 강변을 따라 제방과 둑을 높이 쌓아야 하겠죠? 그렇죠?

이것이 바로 대지를 임의로 설정한 용도에 따라 구획하는, 자연을 하나의 조각보쯤으로 여기는 사고 방식입니다. 그런데 자연이 어디 그렇습니까? 모두가 모두와 걸치고 겹쳐져서 사는 곳이 자연이죠. 그저 종에 따라 영역을 차지하고 서로 다투는 정도입니다. 하지만 그것도 같은 종끼리만 치고받을 뿐이죠. 인접한 영역을 둔 까치끼리 서로 물러서라고 소리 지를 때, 그 둘이 잠정 합의한 허공의 경계선은 그곳에 사는 다른 모든 종에게는 완전히 무의미하며 심지어는 둘이서 싸우는 바로 그 순간에도 다른 생명체들은 유유히 넘나들며 다닌답니다. 생명체들도 그런데 하물며 무생물은 어떻겠습니까? 지질학적, 기상학적, 수문학적 원리에 따라 자연계의 물질들은 여기로 떠밀렸다 저기로 옮겨지고, 이러한 이동이 모이고 모여 거대한 물질의 순환 체계를 이룹니다. 강물이 넘쳐 옆으로 번지는 것도 같은 맥락입니다.

강물이 넘치기 전, 그 물의 과거로 잠시 거슬러 올라가 봅시다. 어딘가 산골짜기 같은 데에 있는 발원지에서 작게 출발했을 것입니다. 작은 개울이 또래의 동무들을 만나 합쳐 줄기가 커지고, 이내 어엿한 폭을 가진 강으로 성장해서 지형과 중력을 따라 흘러 여기까지 왔을 것입니다. 그런데 그냥 흐르기만 했을까요? 아닙니다! 바로 이것이 열쇠입니다. 흐르면서 깎고, 흐르면서 날랐습니다. 흙과 돌을 깎고, 흙과 돌을 날랐습니다. 그뿐만 아닙니다. 낙엽과 죽은 생명체, 온갖 먼지와 찌꺼기를 싣고 앞으로 하류로 나아갔습니다. 강에 무임 승차한 이 모든 것을 다른 말로 하면 무엇일까요? 쓰레기냐고요? 아주 틀린 말은 아닙니다. 하지만 이왕 다른 말로 부릅시다. 그 다른 말은 바로 영양분입니다.

네, 그렇습니다. 물에 실려 온 것, 다름 아닌 영양분입니다. 일종의 천연 비료, 토양 배달 서비스인 셈이죠. 무기물과 유기물이 풍부한 물이 하류의 땅을 흠뻑 적시고 나면 그 땅은 식물과 미생물이 자라기에 안성맞춤인 토양이 됩니다. 물은 그냥 쭉 통과만 하고 끝나는 것이 아니라 소중한 영양분을 여기저기로 날라 준다는 것, 이것을 기억합시다.

아직 계곡을 흐르고 있는 그 물로 다시 돌아가 봅시다. 물은 흐르면서 크게 두 가지 작용을 합니다. 깎고 나릅니다. 침식과 운반이라고도 하죠. 강변을 이루는 흙과 돌을 깎고 옮기다 보면 어디는 무엇이 더 쌓이고 어디는 무엇이 더 비워집니다. 그래서 굴곡이 생깁니다. 쌓인 곳은 쌓였기에 물이 얕아지고 유속이 느려집니다. 깎인 곳은 깎였기에 물이 깊어지고 유속이 빨라집니다. 굴곡은 더욱 분명해집니다. 이 굽이에서 생산한 물질은 다음 굽이에다 배달합니다. 앞서간 물이 배달한 흙 위에다, 뒤따른 물이 또 한 포대를 가져와 올려놓습니다. 그러다 보니 쌓이죠. 바로 강의 흐름이 저절로 만들어 내는 자연형 강둑입니다.

자, 드디어 물이 평지에 다다랐습니다. 인간이 모여 살기 좋아하는 여기 말입니다. 경사가 완만해지면서 물은 이제 옆으로 쫙 퍼지기 시작합니다. 강의 폭은 넓어지고 유속은 느려집니다. 운반해 온 물질들도 널찍하게 퍼뜨려 놓습니다. 그 결과 강 양 옆으로, 강과 비슷한 높이에 넓고 부드럽고 평평한 땅이 생깁니다. 어떤 땅이죠? 물이 배달해 준 영양분이 넓게 퍼지고 쌓인 덕분에 무척이나 비옥합니다. 또 강 바로 옆이라 자주 축축합니다. 비가 와 강물이 불어나면 양옆으로 널찍하게 잠겼다가, 비가 멈추고 나면 다시 말라 땅이 돼 자연스럽게 강의 변이 되는 곳. 젖었다 말랐다. 젖었다 말랐다. 어디서 많이 듣던 이야기 아닌가요? 네, 그렇습니다. 바로 습지입니다. 강의 좌청룡 우백호는 대부분 습지입니다.

저지대에 흐르는 강 양옆의 이 평탄한 땅, 이것을 우리는 범람원(汎濫源) 또는 홍수터라 부릅니다. 영어로는 'floodplain'이라고 하죠. 말 그대로 홍수가 나면, 즉 물이 불어나면 잠기는 땅을 말합니다. 우리는 강을 언제나 선형으로 인식합니다. 길게 뻗은 물줄기로 말이죠. 바로 그 옆은 강이 아니라고, 강의 일부가 아니라고 여깁니다. 강은 강이니까 그렇다 치고, 그 옆이야 우리가 마음대로 해도 된다고 생각하고 실제로 마음대로 합니다. 그래서 강변 도로를 닦고 건물을 세우고 농지를 조성합니다. 그런

데 물은? 물은 그 속성상 종종 옆으로 쓰윽 삐져나오곤 합니다. 생명의 근원인 물이 하늘에서 내려오면 강은 온몸으로 물을 받아 내다가 더는 머금을 수 없을 때 비로소 옆으로 흘려보냅니다. 물과 영양분, 이 두 가지가 대지 위로 골고루 확산됩니다. 물이 넘쳐흐르는 현상은 사고가 아닙니다. 강은 강 옆까지 포함돼야 비로소 하나의 완전체인 것입니다. 강과 범람원은 원래 짝으로 존재하며 이 둘을 인간이 아무리 갈라놓으려고 해도 실은 불가능합니다. 생명이 살아 있는 지구에서 가장 중요한 물질인 물이 돌아가는 방식이 바로 이런 것이니까요.

물이 흐르고 넘치고 쏟아지고 고이고 다시 마르고. 또 다시 젖고. 이것은 자연의 위대한 물놀이입니다. 이로 인해 물과 영양분이 재분배되고 새로운 삶들이 시작됩니다. 이 멋지고 경이로운 물놀이로 인해 아름다운 서식지, 습지가 탄생합니다. 이제 감이 오십니까? 습지는 물 본연의 자연스러운 흐름이 물에 허락되면 반드시 만들어지는 공간입니다. 그런데 우리는 그것을 막는 데 혈안이 돼 있습니다. 물을 한곳에 가두는 데 열중합니다. 홍수로 피해를 본 농부라면 그런 말이 나오겠느냐고요? 글쎄요. 하

지만 그 땅에 농작물이 잘 자라는 이유 자체가 물과 물이 날라 준 양질의 영양분 덕분이라는 점을 상기해야 합니다. 그곳이 습지였기 때문에 저지대의 범람원과 홍수터가 비옥하다는 점을 생각하면, 우리의 관리 체계에 순응하지 않는 물을 원망하는 일은 줄어들지 않을까 생각합니다. 넘쳐흐르는 물과 질척거리는 땅, 바로 제가 사랑하는 습지입니다. 습지는 이렇게 물의 번짐으로 만들어집니다. 그래서 저는 사람들이 몰라주는 이 번짐의 가치를 여러분께 전달하고자 했던 것입니다.

그런데 저런! 그렇게 습지 타령을 해 놓고서 우리가 아직 한 번도 습지에 가질 않았네요! 이래서는 안 되죠. 말로만 떠들면 뭐합니까? 눈으로 직접 봐야 합니다. 바로 가까운 습지로 함께 떠날 수 있으면 제일 좋겠지만 여건상 사진 몇 장을 감상하는 것으로 대체하겠습니다. 대신 여행을 떠나며 느끼는 자유롭고 홀가분한 기분만은 유지한 채로 봐 주시길 부탁합니다. 지금 저는 반쯤 잠긴 진짜 무대로 여러분을 안내하는 것이니까요.

다음 사진은 경상남도 창원에 있는 동판 저수지를 찍은 것입니다. 철

경상남도 창원시에 위치한 동판 저수지의 풍경.

새 도래지로 유명한 주남 저수지 바로 아래에 있죠. 우리나라 습지 중 제가 가장 좋아하는 곳이랍니다. 물론 제가 방방곡곡 돌아다닌 것도 아니고 웬만한 습지는 다 섭렵하고 있는 것도 아닙니다. 습지를 좋아할 뿐 습지에 대해 빠삭하게 아는 전문가도 실은 아닙니다. 그저 애정과 관심을 갖고 나름 보고 배우고 느낀 사람일 뿐입니다. 그럼에도 불구하고 이런 방송을 하는 것은, 습지의 멋과 가치와 아름다움을 향한 마음만은 그 누구 못지 않다고 자부하기 때문입니다. 자연을 노래하고 이야기할 때 학위나 자격 따위는 필요하지 않습니다. 오히려 소위 전공자라는 사람들 중에 자연에 무심한 이가 적지 않다는 사실이 이 점을 뒷받침합니다. 실험이나 연구 대상일 뿐, 자신의 주제에 해당하는 생명체를 특별히 싫어하는 것도 아니지만 특별히 좋아하지도 않는 경우가 생각보다 많습니다. 안타깝게도 생명에 대한 감수성이 과학을 하는 데 필요한 조건으로 인식되지는 않죠.

그러니 주저하지 않고 마음껏 들이켜고 표현해도 됩니다. 다시 사진을 보죠. 난잡하게 널린 도시와 줄맞춰 구획된 농경지가 대지를 틀어 메우

고 있습니다. 나름의 정리정돈에 능하지만 칼로 땅을 벨 수는 있어도 물은 벨 수 없습니다. 습지를 보십시오. 자연의 거대한 붓이 두껍게 칠해 버렸습니다. 촉촉한 생명의 물감을 일필휘지로 한가득 발라 놨습니다. 대지에 물이 맺혔습니다. 금방 땅속으로 스며들어 없어지지 않았군요. 무슨 이유에서인지 저곳을 적시되 저곳에 그대로 있습니다. 찬란하게. 흙과 부드럽게 비비는 물의 몸체로부터 초록색의 웅성거림이 피어납니다. 어떤 것은 작고 부스스하게, 어떤 것은 크고 우아하게. 젖은 땅의 맛을 누구보다 잘 안다는 듯 그들은 마시고 자라고 나부낍니다. 뿌리가 움켜쥔 흙 사이로 물이 날라 준 크고 작은 입자들이 소용돌이칩니다. 줄기는 일부 담그고 일부 내놓은 채 찰랑찰랑 어루만져 주는 수면에 긴 목을 맡깁니다. 키 작은 수생 식물들의 귀여운 어깨동무 위로 나무들이 푸른 불꽃놀이처럼 몸을 뻗칩니다. 수풀과 수분의 혼합으로 일시에 전에 없었던 깊이와 신비로움이 탄생합니다. 생명의 온갖 가능성들이 꿈틀거립니다. 듬성듬성 섬 조각들이 물에 흩뿌려져 있습니다. 여기도, 아마 저기도 누군가의 보금자리. 내가 짐승이라면 이미 저 물가로 향하고 있으리. 엄마랑 누나랑 같이. 물가에서 살자고.

에헴. 제가 좀 심취했습니다. 하지만 이제 시작입니다. 습지의 촉촉한 매력에 대한 갈구와 탐구는 이제 겨우 몇 발짝 디뎠을 뿐입니다. 걷다 보면 발이 푹푹 빠지는 일도 있을 것입니다. 물씬 젖을지도 모릅니다. 바로 원했던 바이죠. 단단하고 건조한 기반에 익숙해진 걸음걸이와 마음을 해방시키고 싶습니다. 음하다고 치부해 버리는 습한 세계를 오히려 무대 중앙으로 모시고 싶습니다. 거기에 어떤 열쇠가 있다고 믿거든요. 삶의 열쇠가요. 그럼 이만 줄입니다. 안녕히 계십시오.

# 5장

늦잠의 달콤한 마지막 한 방울까지 말끔히 빨아먹고 나서야 나는 몸을 일으켜 세웠다. 잠으로부터 원하는 것이 더 없이 깨는 기분이란! 만족스럽게 자고 개운하게 일어나는 것은 다시 태어나는 것과 같다. 모든 의미에서 나는 전과는 다른 사람이기 때문이다. 화창한 햇살이 노란 마름모를 방바닥에 만들어 늘어뜨리고 있었다. 빛의 네모 속으로 한 발을 집어넣었다. 따스한 빛의 손길에 닿은 발바닥으로부터 온기가 느리게, 아주 느리게 몸을 향해 확산되었다. 이것이다. 진짜 아침이라 할 수 있는 아침.

생기가 최고조에 이르렀을 때 그 기분을 최대한 오래 유지하려면 주의해야 할 것이 하나 있다. 바로 전화나 인터넷을 피하는 일이다. 어차피 안 볼 수 없다면 적어도 최대한 늦추는 것이다. 오랜만에 내가 나로서 충만한 상태는 나와는 무관한 남 이야기와 접촉하는 순간 비누거품처럼 터져 사라진다. 반대로 도움이 되는 행동은 실체가 있는 주변의 물건을 모든 감각을 동원해 인지하는 일이다. 평소에 눈길도 안 주던 항아리나 도자기의 우아한 곡면을 손가락으로 따라가 본다. 숟가락과 젓가락의 손잡이에 새겨진 장식을 빛 아래에서 돌려 가며 낱낱이 살펴본다. 새와 바람과 나뭇잎이 어우러진 소리로 귀의 구석구석을 청량하게 환기시킨다. 그러다 보면 나도 모르게 나만의 오붓한 시간이 생각보다 오래 지속되고 있음을 깨닫고 사뭇 흐뭇해하는 자신을 발견할 공산이 크다.

오늘부터 나는 생활의 쓸데없는 짐을 덜고 하고 싶은 일에 충실하기로 했다. 일단 돈 좀 벌고 나서, 안정된 기반을 갖춘 후에, 이런 소리는 바로 집어치웠다. 장기적으로 접근한 인생, 오히려 단기적인 후퇴만 정당화한다. 따지고 보면 당장의 돈벌이가 급한 것도 아니다. 그동안 벌어서 약간 모아 놓은 돈과, 하고 싶은 일을 해서 버는 돈만으로도 살아갈 수는 있다. 그렇다면 말 다 한 것 아닌가? 그냥 하면 되는 것이다. 광고 카피처럼 말이다. 그런데도 과감하지 않은 태도가 어른스러운 양 이것저것 애매하게 병행하던 사람이 바로 어제의 나이다. 좀 더 단순해진 나. 지금, 여기에 진짜로 있는 나. 이 사람이 오늘의 나이다.

사기 충전된 채로 나는 집을 나섰다. 작심삼일이 아니라 세 시간으로 끝나지 않으려면 무엇이라도 실행에 옮기는 것이 상책이다. 일을 시작하기가 어려워서 그렇지, 시작만 해 놓으면 무엇이 되었든 진도가 나가게 마련이다. 그런데 무엇을? 이왕 새롭게 마음먹은 것, 나의 작품 세계를 한껏 펼치는 것이 가장 좋지 않을까. 그런데 영감이 떠올라야지 말이다. 나는 오히려 기분이 좀 가라앉았을 때 아이디어가 떠오르는 특이 체질이라, 유감스럽게도 지금처럼 상태가 괜찮을 때에는 온전히 나로부터 비롯하는 고유한 창작 활동은 잠시 보류하는 것이 낫다. 그렇다면 무엇을 한담. 아, 그렇지. 환경 단체에서 부탁한 일. 두꺼비와 개구리가 위험천만하게 길을 건너는 것에 관한 영상 건이 떠올랐다. 그래, 그것이라면 일하는 기분으로 하지 않을 수 있겠다. 모처럼 한껏 고양시킨 기분으로 하기에는 이 정도 일이 딱이다.

곰을 잡으려면 곰 굴로 가라고 했던가? 두꺼비나 개구리가 길을 건너는 것은 어디서 봐야 하나? 알 턱이 없었지만 무작정 나서기로 했다. 일단 저수지나 호수 중심으로 돌면 뭐라도 나오지 않을까? 내 것처럼 쓰는 형의 차를 빌려 임의로 방향을 남쪽으로 택한 나는 어느덧 서울을 벗어나 달리고 있었다. 이 즉흥적 여행의 목적은 이것이었다. 이름 모를 양서류의 무단 횡단 목격!

잠깐 들른 휴게소에서 생각을 정리해 보았다. 나온 것까지는 잘 했는데, 이제부터 어떻게 한담? 어디로 가서 무엇을 해야…… 두꺼비를 만나나? 갑자기 이 상황이 얼마나 황당한 것인지 현실적인 깨달음이 밀려왔다. 정해진 목적지도, 기본 지식도 전혀 없는 상태에서 애먼 동물이 길 건너는 그 특정 장면을 포착하려고 한다? 머리가 제대로 박힌 사람 같으면 당연히 코웃음 칠 일이다. 모르기는 몰라도 내가 운전하면서 한두 마리 짓밟아 죽이고는 그 사실조차 모를 확률이 훨씬 높을 것이다. 그래도 시작이 반이라고, 집에 있으면 아무것도 일어나지 않을 것이 100퍼센트 확실하지만 아무 물가에라도 가서 앉아 있으면 티끌만 한 가능성이 생기는 것이다. 형편없이 작아도 이렇게 밖으로 나왔기에 비로소 탄생한 가능성이다. 게다가 나는 이야기를 찾으러 가는 사람이 아닌가? 데이터를 얻으려는 학자가 아니고. 아무런 성과도 얻지 못하고 돌아와도 결코 허탕이 되지 않는 일. 그것은 바로 이야기이다. 이야기는 어떤 것도 먹을거리로 삼는 희한한 괴물이니까.

안녕하세요, 영상 작업 담당한 사람입니다. 너무 갑작스럽게 죄송합니다만 한 가지만 여쭈려고 합니다. 혹시 두꺼비를 어디서 볼 수 있는지 알 수 있을까요? 저는 일단 갈 만한 호수나 저수지를 찾고 있습니다.

내비게이션이 알려 준 가장 가까운 호수를 향해 가면서 보험 삼아 문자를 보내 두었다. 운이 따라서 근처에 무엇이 있을지 누가 아나. 운전대 너머로 길을 바라보았다. 검고 평탄하고 빈틈없었다. 내가 타고 있는 이 자동차가 굴러가기에 그만이었다. 예전에 시골 비포장 도로를 1시간 넘게 덜커덩거리다가 다시 일반 도로로 복귀했을 때 느껴 본 적이 있다. 이렇게 길이 비단결 같을 수가! 평소에는 생각도 해 보지 않고 너무나도 당연하게 여기는 도로의 포장. 차의 삭신을 쑤시게 했던 그 울퉁불퉁함과는 차원이 다른, 거의 예술적인 수준의 매끄러움이었다. 현대 기술 문명의 총아를 그제야 접하는 것처럼 포장된 도로의 미학이 새삼스러운 순간이었다. 그런데 지금, 엉뚱한 목적을 갖고 달리는 지금은 무언가 달라졌다. 길을 만든 당시 사용자로서 전혀 염두에 두지 않았던 이들. 그런 누군가를 생각하고 있어서일까? 나의 이동을 이토록 편리하게 도모해 주는 이 시설이 그들에게는 완전한 차단을 의미하는 장벽이라는 그 극명한 대조가 불현듯 눈에 들어왔다. 동시에 한 가지 질문이 떠올랐다. 왜 그들은 길을 건너야만 하는 것일까? 굳이 그렇게 돌아다녀야 하나?

안녕하세요, 답사 중이시군요. 그런데 두꺼비는 호수처럼 깊은 물보다는 논이나 연못 같은 얕은 물에서 찾는 게 좋습니다. 저수지에도 있긴 있지만요. 그리고 꼭 물에만 있는 건 아니고 오히려 뭍에서 보이는 경우가 더 많습니다. 습한 곳을 좋아하는 것이지 늘 잠수하고 있는 건 아니니까요. 아무튼 지금은 외근 중이라 정확히 어디로 가시는 게 좋을지 바로 답 드리기는 어렵습니

다. 나중에 사무실 복귀해서 말씀드리겠습니다. 감사합니다.

이런. 역시 무식하면 용감하다더니 내가 딱 그 꼴이네. 당장 필요한 단서를 이 사람에게서 얻기는 틀린 모양이었다. 하지만 어차피 아무 진도도 나가지 않고 있었기 때문에 특별히 피해를 본 것도 없었다. 그냥 가서 찾아보자는 원래의 계획대로 가는 수밖에. 나는 다음 출구에서 나가라는 표시를 따라 나와서 더욱 한산한 국도로 접어들었다. 창문을 내려 바깥 공기를 차와 허파 안으로 들였다. 나른한 벌레 울음소리와 젖은 흙 내음이 따라 흘러 들어왔다. 좀 전에 비가 왔나 보다. 아, 이 습기. 습한 기운이 나를 부르고 있었다.

예전에도 이렇게 무작정 차를 몰고 나온 적이 딱 한 번 있었다. 정처 없이 걷는 일이야 흔하지만 운전대를 잡고 중장거리를 뛰는 행동은 정해진 목적 없이는 하기 어려운 일이다. 행선지를 거의 보지도 않고 아무 버스나 기차에 몸을 싣는 것보다도 말이다. 이런 교통 수단은 일단 타고 나면 돌이킬 수 없기에 한순간만 도전 정신을 발휘하면 그다음부터는 내 손을 떠난 일이 된다. 그러나 언제든지 핸들을 돌릴 수 있는 자동차는 다르다. 가던 대로 계속 가든 돌아가든 매 순간 모든 것이 나의 손아귀에, 내 판단에 달려 있기 때문이다. 목적은 없는데 지속적으로 결정해야 한다는 것. 세상사에서 드문 일이다. 가만, 오히려 흔하던가?

그때는 지금보다도 무작정이었다. 떠난 것은 무슨 일이 있어서가 아니라 아무 일도 안 일어나서였다. 학업은 어느새 종료되었고, 하던 소소한 일도 비슷한 시기에 끝나 버렸다. 때를 같이해서 오래 붙들고 있던 미적지근한 이성 관계도 그 약한 끈을 손에서 스르륵 놓는 순간 멀리멀리 사라져 버렸다. 살던 방의 계약 만기일도 코앞이었다. 시작되거나 형성되는 것은 아무것도 없는 대신 인생의 이모저모가 모두 명을 다해 텅 비어지는 때였다. 당연히 다음 단계에 대한 계획을 세워야 할 때였다. 그럴 생각이었다. 하지만 당장은 싫었다. 한 단계에서 다음 단계로 빈틈없이 갈아타는 그런 열심은 내게 어색하고 억지스러웠다. 나는 삶에 여백을 두고 싶었다. 여기저기에 빈칸이 여유롭게 자리 잡은 이력서도 나쁘지 않다고 생각했다. 그래서 어느 날 경사면에 굴린 구슬처럼, 그렇게 나는 떠났다.

기억나는 것은 거기까지였다. 끊어진 몇몇 장면들은 있지만 뚜렷이 건진 것이 없는 여행이었는지라 전부 연소되어 없고, 그 출발만이 남아 있었다. 그때에 비하면 이번에는 전혀 다른 분위기의 명랑하고 기운 찬 발돋움을 하고 있었다. 학창 시절 한낮에 조퇴하는 귀한 날이면, 길거리에 학생은 나 혼자임을 알고 음미하던 달콤함이 다시금 입속에 감도는 듯했다. 무해하고 신나고 아무도 모르는 삶으로의 땡땡이. 창문을 조금 더 내리자 머리카락이 힘차게 나부꼈다.

모퉁이 하나를 돌자 갑자기 시야가 넓게 확보되는 느낌이 들었다. 잠

시 차를 세워야 할 것만 같은 충동이 듦과 동시에 적당한 주차 공간이 눈에 띄었다. 덜컹. 차를 탈출해 기지개를 있는 대로 켜며 경관을 향해 터덜터덜 발을 풀었다. 눈앞에 펼쳐진 것은 논이었다. 푸른 모가 씩씩하게 뻗어 자라고 있었다. 자연이라고는 근처도 안 가 본 도시 애들이 이것을 "쌀나무"라고 부른다는 사실이 우습게도 떠올랐다. 그들에 비하면 나는 자연 교양이 넘치는 편이네. 얼토당토않은 칭찬을 스스로에게 하며 나는 그 식물들의 푸른 머리끝을 손으로 쓸어 보았다. 그러고 보니 제법 자란 이 모가 작은 생명체들에게는 나무 같을 수도 있겠구나. 스케일의 차이는 단순한데도 언제나 흥미롭다. 같은 물건을 아주 작게 축소하거나 아주 크게 부풀려 놓으면 그것만으로도 보는 재미가 있다. 인형의 집과 미니어처 가구 또는 나무 타듯 기어 올라가야 하는 거대한 의자. 그래, 저것도 누군가에게는 숲이라면 숲이다.

숲 아래 무엇이 사나? 허리를 굽혀 조그맣게 드리워진 그늘 안을 굽어보았다. 흙을 덮은 찰랑찰랑한 물이 고요했다. 둥근 우렁이들이 여기저기 한 자리씩 차지하고 있었다. 생각에 잠긴 듯 앉은 꼴이 마치 거대한 자

연 공중 목욕탕을 연상시켰다. 나뭇가지로 바닥을 살짝 쑤셔 보았다. 아주 작은 모래 바람이 물속에 일었다 가라앉았다. 아무것도 없었다. 그런데 이상한 일이었다. 없는데도 있어 보였다. 물이 얕은 데다 맨 진흙밖에 없어서 훤히 보이는 논바닥에는 우렁이 외에 아무것도 없는 것이 분명했다. 그런데도 무언가 있는 것 같은 기분이 든 것은 왜일까?

오래 쭈그리고 앉았다 일어나니 머리가 핑 돌았다. 잠깐 나무에 몸을 기대었다. 나무껍질이 단단하면서도 부드러웠다. 그때, 차를 세워 놓은 곳 뒤 작은 둔덕 너머로 나뭇잎의 흔들림이 눈에 들어왔다. 이파리들 각자가 파르르 떠는 것이 아니라 나무 전체가 하나의 묶음으로 바람에 반응하는 흔들림이었다. 우아한 긴 머리를 늘어뜨린 숲의 정령이 느리고 섬세한 동작으로 고개를 절레절레 흔들고 있었다. 왜, 그럴 때가 있지 않은가. 부정의 의미로 고개를 젓는 것이 아니라 리듬감에 고취되어 좌우로 진자 운동을 하는 것 말이다. 그 나무는 내가 유일하게 아는 나무, 버드나무였다. 버드나무는 한번 보면 그냥 지나칠 수가 없다. 최소한 몇 초라도 시간을 들여 다시, 제대로 봐야 한다. 언제나 그랬다. 나는 나무를 향해 걸었다.

묘하게 생긴 둔덕을 넘자 색다른 풍경이 펼쳐졌다. 이쪽은 논이 없는 대신 잡풀이 무성했다. 논둑에서 본 버드나무가 약간 앞쪽에 자리 잡고 있었다. 멀리서 눈에 띌 정도로 풍성한 숱을 자랑하는 멋진 나무였다. 좀 떨어진 오른쪽 뒤편에도 버드나무 군락이 보였다. 중간에는 물이 있었다. 커다란 연못이라 해야 하나, 작은 호수라고 해야 하나. 그 중간에 해당하는 이름이 없다는 사실을 깨달았다. 물 주변을 한 바퀴 빙 두르듯 온갖 식물이 빼곡히 자라나고 있었다. 여기도 좀 전에 비가 오다 그쳤는지 잎사귀마다 물방울이 흥건했다. 하늘의 구름은 점차 걷히고 있었다. 나도 모르게 나는 땅에 앉았다.

무대였다. 이곳은 영락없는 무대였다. 버드나무 잎과 가지로 된 막이 바람의 지휘에 따라 살짝 열리고 살짝 닫혔다. 수면으로 된 무대 중앙에는 몇 장의 연잎이 스포트라이트 역할을 해 주고 있었다. 근경에는 부들과 갈대와 억새가, 원경에는 산과 구름이 무대 배경을 이루었다. 아직 작품이 본격적으로 상연되기 전인지 배우들은 보이지 않았다. 조명은 하늘이 담당했다. 객석에는 나 혼자였다.

얼마가 흘렀을까. 무언가 시작될 모양이었다. 악기를 조율하는 듯 풀벌레들이 다리와 날개를 매만지고 있었다. 극장 관계자와 같은 부산한 움직임을 보이는 것은 여러 마리의 소금쟁이였다. 아마 소소한 일거리가 많으리라. 순간 바람이 힘차게 일었다. 길게 늘어뜨린 가지는 힘차게 휘청거리며 아득하고 잔잔한 박수갈채를 일으켰다. 시작된 것이다. 서곡처럼 매미의 울음이 쩌렁쩌렁 울려 퍼졌다. 1막은 잠자리들의 등장으로 열렸다. 짝짓기 비행에 여념이 없는 이들은 한 마리가 다른 한 마리의 뒤통수에 꼬리 끝을 댄 채로 요란한 궤적을 무대 위로 긋더니 왼편으로 퇴장했다. 이어서 흰색 나비가 나풀거리며 나타났다. 만개한 수십 송이의 꽃 중 어느 하나에도 앉지 않는 것을 보니 새침한 역할이었으리라. 2막은 정적으로 시작되었다. 한참의 침묵은 직박구리의 목청으로 북 찢어졌다. 세 마리가 싸우는지 노는지 공중에서 엎치락뒤치락하다 돌연 차렷 자세로 날개를 붙이고 파동 곡선을 그리며 날아가 버렸다. 다시 정적. 3막은 물속에서 벌어졌다. 알 수 없는 거품이 보글보글, 무언가가 풍덩, 저기서 철썩. 물고기들의 수중 발레가 벌어지고 있었다. 어, 그런데 저것은 뭐지? 무대에서 객석으로 나오고 있는 저것? 어느새 날이 어두워져서 분명하게 보이지 않았다. 폴짝. 폴짝.

개구리 한 마리가 연못에서 나오고 있었다. 오늘의 작품은 이 느닷없는 퇴장으로 급히 막을 내렸다. 개구리는 둔덕을 향하고 있었다. 둔덕 너머로는 길이 있었다. 문제의 길. 바로 이렇게 일어나는 것이었구나, 개구리가 길을 건너는 일이. 그냥 저렇게 나와서 가다 보면. 들를 만한 무대가 널렸다고 생각하고 있겠지. 전혀 다른 무대가 기다리고 있다는 것을, 그는 알까.

# 무대 5

안녕하십니까, 「반쯤 잠긴 무대」입니다. 오늘은 온종일 비가 내리는군요. 타닥타닥 창을 가볍게 두드리는 물방울 소리로 하루를 시작하는 맛이 있습니다. 물론 화창한 날도 좋지만요. 문밖으로 나서면 기다렸다는 듯 감싸는 촉촉한 공기가 피부와 호흡기에 내려앉아 살포시 접촉하는 그 느낌이 싱그럽습니다. 바닥 여기저기에 생겨난 웅덩이들과 섬들은 지루한 길목을 하루아침에 신비로운 군도(群島)로 바꿔 줘서 항해하는 재미를 선사합니다. 어릴 때에는 일부러 물을 밟아 가며 첨벙첨벙 걷기도 하고, 때로는 마른 땅만 골라 껑충껑충 발을 딛기도 했죠. 한마디로 비가 오면 신이 났습니다. 소풍 가는 날만 빼면. 그런데 지금은 젖을 걱정, 교통 걱정부터 하죠. 이렇게 사람이 달라졌습니다. 그냥 나이 든 건가요?

한때 열을 올렸지만 지금은 완전히 졸업한 것들이 누구나 있을 것입니다. 저는 어렸을 때 동물 키우는 걸 정말 좋아했습니다. 개나 고양이 말고 야생 동물을 말이죠. 동네 공원 덤불에서 잡은 풀벌레들, 개울가에서 건진 가재나 개구리, 땅에서 파낸 지렁이와 땅강아지. 물론 동네 수족관에서 열대어를 구입하거나, 전통 시장에 들러 미꾸라지를 물색하기도 했습니다. 미꾸라지 한 마리에 얼마냐고 묻자 1킬로그램당 가격이 답으로 돌아온 것에 충격을 받았던 기억도 납니다. 요즘처럼 마트에 장 보러 간 김에 사 오거나, 인터넷 쇼핑몰에서 주문해 동물을 산 채로 배달받는 행태하고는 많이 달랐다고 생각합니다. 마구잡이로 잡는 것도 안 좋지만, 공산품처럼 그냥 돈과 교환하는 건 더 안 좋다는 느낌이 들거든요. 동물을 상품처럼 여기게 되고, 동물을 거래하는 시장에 기여하게 되기 때문입니다. 어찌 됐건 동물을 잡아다 키우면 안 된다는 것을 깨달은 후로는 완전히 그만뒀죠.

완전히 그만두기 전에 가장 마지막으로 남았던 동물은 거북이었습니다. 소, 중, 대 크기별로 붉은귀거북이 여러 마리 있었고, 거기에 남생이 둘, 자라 하나가 거북 대식구를 이뤘습니다. 그중 남생이 한 마리는 우리와 초창기부터 같이한 노령의 거북이었습니다. 성질이 좀 반사회적인 자라만 별도의 어항을 마련해 주고 나머지는 크고 얕고 넓은 어항에 모아서 키웠는데, 이 어항의 물을 갈아 주는 일은 우리의 주요 일과 중 하나였습니다. 어찌나 빨리 더러워지는지 말도 못 합니다. 게다가 수돗물에 염소가 들어 있어 그냥 줬다간 문제가 생기므로 적어도 하루 이상 미리 물을 받아 놔야 했죠. 그렇지만 어항에 가득한, 더러워진 물을 일단 밖으로 꺼내 버리는 일이 가장 힘든 부분이었답니다. 바가지로 푸다가 어느 시점에서는 번쩍 들어서 더러운 물을 따라 내는데 어떤 때는 허리가 끊어지는 것만 같았죠. 고무호스 한쪽 끝을 담그고 반대쪽 끝을 입으로 훅 빨면 물이 나오는 테크닉도 있었죠. 물이 빨릴 정도의 압력차가 생길 만큼 빨다가 빨리 입을 떼는 게 관건이었는데, 조금도 맛보고 싶지 않은 그 더러운 물을 실수로 들이켠 일이 한두 번이 아니었습니다. 으, 퉤퉤.

참, 이 이야기를 하려고 했던 게 아닌데. 다른 동물을 키우면서도 거북에게 폭 빠진 이유를 설명하려다가 삼천포로 빠져 버렸네요. 제게 동물을 키우는 재미는 그 동물의 서식지를 재구성하는 데 있었습니다. 여치에게는 풀숲을, 귀뚜라미에게는 낙엽층을 마련해 주는 것이었죠. 최대한 그 동물이 원래 살던 환경과 닮은 공간을 만들어 주고, 그 동물이 그곳에 쏙 들어가 제 집처럼 있는 모습에서 그토록 희열을 느꼈답니다. 사실 모순된 행동이었죠. 애초에 잡지 말고 원래의 서식지에 살도록 그대로 두면서 보면 될 일이었으니까요.

거북 어항 꾸미기는 가장 간단하면서도 만족스러운 일이었습니다. 수조에 자갈이나 돌을 넣고 물만 부으면 되는 것이었거든요. 한쪽 자갈이 물 위로 나와 있도록 비스듬히, 경사지게 깔면 되는 일이었습니다. 아니면 큰 돌 하나를 넣고 돌의 일부분이 물 밖으로 돌출하게끔 위치를 잡아도 됐고요. 그러면 어김없이 거북들은 물속을 거닐며 밥을 먹다가 일광욕을 위해 돌 위로 기어 올라오곤 했습니다. 내가 생각한 대로 동물이 공간을 활용해 줄 때의 기쁨이란! 사지를 있는 대로 뻗은 채 일광욕하며, 번잡하게 왔다 갔다 하는 인간들을 불쌍하다는 듯이 바라보는 녀석들을 여러분께서 보셨어야 합니다.

그런데 중요한 건 거북 어항이 가져다주는 완전한 느낌이었습니다. 돌과 물이라는 두 가지 재료만 들여 구성한 이 미니어처 서식처가, 모델로 삼은 바깥의 자연을 상당히 우수하게 모방한 것으로 여겨졌습니다. 가만히 보고 있으면, '음 훌륭하군!' 하는 말이 절로 나오곤 했죠. 제 손기술이나 감각에 대한 자화자찬은 아니었습니다. 돌과 물의 어우러짐이 자아내는 지극히 자연스러운 광경을 향한 감탄사였던 것이죠. 그 감흥은 다른 동물을 키우기 위해 마련했던 사육 환경과 비교했을 때 더욱 확연해졌습니다. 육지 환경은 제아무리 공들여 만들어도 어딘가 어색했거든요. 실제 풀숲을 감쪽같이 흉내 내기 위해 각종 잡초를 심고 돌과 나뭇조각을 흩뿌려 놔도 어쩐지 진짜와의 거리감은 별로 좁혀지지 않았습니다. 그런데 더 핵심적인 차이점은 진짜 같은지 아닌지가 아니었습니다. 육지 환경은 아무리 잘 재구성해 놔도 거대한 서식지의 볼품없는 조각에 불과한 느낌이 강하게 든다는 것이었습니다. 좁은 곳에 가둬 키우니까 당연히 좁아 보였겠죠. 그런데 단순히 좁기만 한 것이 아니라 환경을 제대로 대변하는 것 같지가 않았습니다. 한마디로 자연을 '재현'하는 데 실패했다는 생각이 든 것입니다. 어엿한 집이 아니라 누추한 골방 같았습니다.

이에 반해 물과 돌이 어우러진 거북 어항은 자체 완성도가 높게 다가왔습니다. 왜 그랬을까요? 저는 그 힌트를 바로 우리의 주인공 습지에서 찾습니다. 습지에도 여러 종류가 있지만 편의를 위해 바다 말고 내륙에 있는 연못이나 늪을 상상해 봅시다. 잘 모르겠으면 땅 어딘가 우묵한 곳에 물이 고인 형상을 떠올리면 됩니다. 주변의 건조한 지역과는 달리 이곳은 무슨 이유에서인지 땅에 흡수되거나 말라 증발하지 않은 채 물이 그대로 남아 있습니다. 그 물이 있음으로써 찾아오는 생명체들이 있습니다. 물에 산란해야 하는 각종 날벌레들이 꼬이기 시작하고, 이를 먹으려는 곤충과 양서류가 찾아옵니다. 물의 양은 큰 상관이 없습니다. 양이 많으면 종 수와 개체수가 물론 늘어나겠지만 작은 웅덩이라도 제 역할을 톡톡히 합니다. 고인 물만큼, 그 경계가 가리키는 만큼 그곳은 새로운 서식지인 것입니다.

땅에 물이 머무르는 곳은 귀하기 때문에 얼마라도 물이 맺혔다 하면 바로 생태적 의미가 발생합니다. 누군가는 그것을 요긴하게 활용해서 생명 현상을 연장한다는 뜻입니다. 그래서 그 웅덩이는 작든 크든 하나의 소우주라 할 수 있는 것입니다. 그래서일까요? 거북을 키웠던 수조에 재현된 습지 환경도 나름대로 소우주다운 면모를 갖춘 것으로 보였을지 모릅니다. 수조 사육을 정당화하려는 말이 절대로 아닙니다. 단지 수조라는 프리즘을 통해 습지를 새롭게 바라보는 놀이를 해 봤을 뿐입니다. 싱싱한 식생에 물이 자박자박하고, 와중에 노닐고 있는 동물 한 마리. 이 조합이 가져다주는 완성된 미학이 있습니다. 심지어는 작은 통 안에 축소시켜 놔도 그 미학은 여전히 발휘됩니다. 습지를 제대로 접하기 전부터, 저는 거북어항을 들여다보면서 습지의 매력을 보는 눈을 길렀던 것입니다.

습지의 매력은 물론 물에서 시작됩니다. 물의 여러 속성 중에서도 물의 가변성에 먼저 초점을 맞춰 봅시다. 여기서 말하는 가변성은 물의 양, 즉 수위가 변화한다는 뜻입니다. 지구 위의 모든 물질은 순환하고 변하지만, 물처럼 언제나 움직이고 있다가도 없는 물질은 드물죠. 지난 시간에 강의 물이 넘치는 현상에 대해 이야기를 나눴습니다. 강 자체는 물론이고 강물이 때때로 넘쳐흐르는 공간까지 다 포함해서 강으로 봐야 한다고 했죠. 그리고 넘친 물이 적시면서 만드는 그곳이 바로 습지임을 기억하실 것입니다. 이 말을 뒤집어 보면 이렇습니다. 습지란 물이 많았다 적었다 하는 역동적인 변화 안에서 존재하는 무엇이라는 뜻입니다. 높아졌다 낮아졌다 하는 수위의 변화는 습지가 이 세상에 있는 존재의 이유입니다.

가뭄으로 세상이 바짝바짝 마를 때 우리는 얼마나 애타게 비 소식을 기다리나요? 하늘로부터 공급되는 물이 없는 나날이 계속될 때에는 물을 쓸 때마다 죄 짓는 기분마저 듭니다. 그러다가 갑자기 먹구름이 드리워지고 믿을 수 없는 첫 빗방울이 떨어지면, 다시금 살 수 있게 해 준 생명의 물줄기에 그저 감사할 따름입니다. 우리는 아무리 제 잘난 척을 해도, 결국엔 하늘을 물끄러미 쳐다보며 물이 떨어지길 마냥 기다리는 그런 존재입니다. 비가 찔끔찔끔 와서는 땅을 뒤덮은 수없는 지구 생명의 목마름을 달래기에 턱없이 모자랍니다. 한 번씩 쏴 쏴 내려 줘야 합니다. 연못과 개울과 강과 호수가 불어날 정도로 말이죠. 그렇습니다. 홍수가 나야 합니다. 홍수는 비가 충분히 공급될 때 나타나야만 하는 자연스러운 현상입니다. 많아진 물이 어디로 가겠습니까? 당연히 차오를 수밖에 없습니다.

수위 변화는 생각보다 큽니다. 지구 민물 전체의 20퍼센트를 차지하는 아마존 강은 1년 동안에도 수위가 10미터 이상 변할 정도이죠. 해에 따른 수위의 변화도 상당합니다. 동남아시아의 메콩 강, 러시아의 오브 강, 아프리카의 콩고 강과 나일 강, 유럽의 다뉴브 강 등 세계 주요 강들은 모두 유량이 적게는 2~3배, 많게는 10배가량 연간 변화를 보입니다. 넘치는 강물은 여기저기에 습지를 만듭니다. 습지에 산다는 건 홍수가 생활이 된다는 것을 의미합니다. 일정하지 않은 수심 속에서 살거나, 잠겼다가 안 잠겼다 하는 생활 조건이 기본인 것이죠. 습지는 언제나 '습'하지만 습한 정도는 계속해서 달라집니다.

우리더러 그런 곳에 살라 하면 못 산다 하겠죠. 언제부터인가 여름철 일기 예보에 포함된 '불쾌지수'는 습도를 불쾌한 것으로 여겨야 마땅하다는 인식을 퍼뜨리고 있습니다. 기상 전문가들이 공식적으로 불쾌하게 느끼라는데 별수 있나요? 소중한 수분이 공기 중에 좀 많아졌다고 해서 전 국민이 함께 미간을 찌푸리면서 살자는 '불쾌지수'의 취지가 좋다고는 할 수 없습니다. 뭐든 과하면 힘든 건 어느 생명체나 마찬가지입니다. 하지만 변화하는 자연 환경은 적응의 대상이지 불만의 기회가 아닙니다.

물이 차올랐다가 빠지다 보니 습지가 집인 생명체들도 여기에 적응하며 살아갑니다. 홍수로 범람원이 푹 잠기면 일시적으로 강이 확 넓어지는 효과가 생깁니다. 땅이었던 곳이 갑자기 물이 되니까요. 이 연못, 저 웅덩이에 갇혀 지내던 물고기들은 이 기회를 틈타 평소에 건너지 못했던 육지를 수영해서 이동합니다. 홍수로 인해 온갖 유기물이 물에 휩쓸리면서 미생물과 수중 식물의 급격한 성장이 일어나죠. 먹을 게 풍부해지니 아기 낳기 딱 좋은 시기입니다. 물고기들은 범람원 여기저기에 알을 낳고 부화하고 성장합니다. 수위가 높아 먹을 것도 숨을 곳도 많아진 이 시기를 집중 공략하는 물고기들의 적응인 것입니다.

저는 이게 유난히 매력적으로 느껴집니다. 한번 상상해 보세요. 넓은 평원 여기저기에 연못이 흩어져 있고 거기마다 물고기가 있습니다. 사실은 연못에 갇힌 '우물 안 생선' 격이죠. 바로 옆에 친구가 있어도 만날 수 없습니다. 하지만 어느 날 두 연못 사이의 마른 간극을 물의 오작교가 이어 줍니다. 여기저기 국소적으로 있었던 여러 '물의 고임'은 말 그대로 씻은 듯이 사라집니다. 어류 해방의 날이 도래한 것입니다! 종횡무진 이 신세계를 마음껏 헤엄쳐 누비며 왕성한 사회 활동과 교제 그리고 번식의 꽃을 피웁니다. 물이 빠지기 시작하면 다시 강 본류로 복귀합니다. 미처 때를 못 맞춘 이들은 새로운 웅덩이에서 한동안 거처를 마련해야 하는 자신을 발견하죠. 그곳에 물이 오래 유지되면 다음 폭우 때에 이사를 갈 수 있습니다. 반대로 물이 부족해지면 누군가에게 잡아먹히거나 말라서 명을 달리합니다.

이 얼마나 유동적이고 역동적인 삶입니까! 물이 차고 빠지는 수위 변화의 틈에 생의 드라마가 모두 집중돼 있습니다. 그러면서도 어떤 숙명적인 터치가 가미됩니다. 지형의 울퉁불퉁함에 따라 누구는 다시 갇히고

누구는 물의 고향으로 돌아갑니다. 그토록 자유분방한 움직임을 허락했던 매질인 물이 차츰 사라지면서 작은 습지들이 다시 모습을 드러내고 그곳의 거주민들이 재편성됩니다. 고립과 섞임과 고립의 순환. 그 순환의 흐름을 타는 삶. 그 모든 것을 가능케 하는 물과 변화. 이 생명의 체계 자체가 찬란하게 아름답습니다.

물론 모든 물고기가 이렇게 사는 것도, 모든 습지가 이런 사이클을 겪는 것도 아닙니다. 이 현상은 아프리카, 아시아, 남아메리카의 준평원(準平原, peneplain)에서 특징적으로 나타납니다. 준평원이란 오랜 시간 침식을 거치고 거쳐 더는 깎일 게 없는 낮고 평탄하고 넓은 지형을 의미합니다. 이런 곳에서는 물고기의 생 주기가 홍수 주기와 밀착해 돌아갑니다. 늘 있지 않고 어쩌다 생기는 물바다로 어류가 옮겨 다닌다는 것이 놀랍지 않습니까? 미국 남동부에서 이렇게 흩어져 고립된 웅덩이 습지들을 조사한 한 연구 결과 20퍼센트 정도의 습지에서 물고기가 발견되었습니다. 바로 옆에 강이나 호수가 있는 것도 아닌데 말이죠. 어쩌다 큰 홍수가 나면 가장 가까운 수역으로부터 물고기가 공급되었던 것이죠. 그래서 조사해 보니

수역과 가까운 웅덩이일수록 물고기가 있을 확률이 높아졌다고 합니다. 대신 경사가 있을수록, 즉 웅덩이가 있는 땅이 더 높아질수록 물고기 발견 빈도는 낮아졌습니다. 물의 자연적인 흐름에 기초한 연결성이 중요한 것입니다. 넘실거리는 물결을 타고 대지에 넓게 뿌려지는 물고기들의 모험심 어린 헤엄이 눈앞에 아른거리는 것만 같습니다.

저의 그 그리운 거북 어항도 물의 높낮이가 변했습니다. 바쁘다는 핑계로 먹이만 휙 주고 돌아서는 날이 많아질 땐 물이 상당량 증발해 버리곤 했죠. 덩치가 가장 큰 남생이를 꿀곰이라 불렀는데 이 녀석의 등딱지 윗부분이 바짝 마른 것을 보고 한동안 물이 많이 부족했음을 깨달았답니다. 그러면 연거푸 사과하며 얼른 물을 보충해 줬습니다. 언제나 입꼬리가 올라가 있어 마치 웃는 듯한 얼굴의 거북들이지만, 분명히 물 때문에 고생 좀 했을 것입니다. 그 생각을 할 때마다 지금도 미안한 마음입니다. 물을 추가로 부어 줘서 어항이 수위를 회복하면 말랐던 자갈과 돌의 일부가 물속으로 들어가면서 다시 만들어졌습니다. 나만의 반쯤 잠긴 무대가 말입니다. 이제 다 지나간 옛날 일입니다. 거북도 없고 어항은 창고 어딘가에 처박혀 있습니다. 인공적인 틀과 수돗물로 흉내 내어 만든 무대는 어차피 영원할 수 없습니다. 이제는 자연이 제 손으로 빚은 무대만을 감상하고 싶습니다. 오늘은 여기서 줄입니다. 안녕히 계십시오.

# 6장

하늘을 보며 걷고 싶은데 자꾸 땅을 향해 고개를 숙이게 된다. 잘못한 것이 많은 사람이기 때문은 아니다. 아마도 울퉁불퉁 불규칙한 노면으로부터 눈을 떼면 위험할 수 있어서 나도 모르게 생긴 습관일 것이다. 아버지의 말을 잘 듣는 편은 아닌데, 사람은 주기적으로 하늘을 보며 살아야 한다는 그의 말이 이상하게 뇌리에 박힌 것도 한몫한다. 시선으로 바닥을 한참 쓸다가 어느 순간 내가 그러고 있다는 사실을 깨닫는다. 그래서 고개를 천천히 들면 눈망울 안으로 하늘이 밝아 온다. 그러면 마치 수년 동안 객지살이하다 돌아온 여행자가 멀리서 고향집을 알아보는 것만 같은 느낌이 든다. 아, 얼마나 그리웠는가.

이제는 바닥을 보며 걷는 맛도 생겼다. 촘촘하게 깔린 보도블록이 그냥 미끈한 줄만 알았는데 생각보다 틈이 많아 삐죽삐죽 머리카락처럼 튀어나온 애들이 제법 있었다. 어떻게 저런 좁은 틈을 놓치지 않고 자리를 잡았는지 놀라울 따름이었다. 어떤 때는 틈으로 보이지도 않던 곳을 이름 모를 식물 덕분에 알게 되는 경우도 있었다. 그런데 바닥을 나름 즐기면서 보게 된 것은 물론 지난번 혼자만의 마구잡이 여행 덕분이 컸다. 난생 처음으로 개구리 뒤를 밟아 보았더니 한 번도 눈길 주지 않았던 발밑 세계가 시야에 들어오기 시작한 것이다. 당시의 갑작스러운 양서류 미행은 짧게 끝났다. 하지만 정말이지 새로운 경험이었다. 동물의 움직임이야 당연히 본 적은 많지만, 하나에 집중해서 뒤따라간 경험이 있을 리 없지 않은가. 나도 그 정도로 한가한 사람은 아니다. 그때부터인지 바닥에 흥미가 갔다. 누군가에게 하늘과 바닥을 나눠 보며 걷느라 바쁘다고 말하면, 나를 이상한 사람으로 보려나?

그때부터였던 것 같다. 내 안에 미지의 도미노 현상이 일어난 것이. 흘러가는 대로 살던 나였는데 어느 순간 물줄기가 살짝 틀어졌다. 어떤 굽이에서 본류가 새로운 지류로 가지를 쳤다. 이제 막 생긴 물길이다 보니 얕고 유량이 적다. 덕분에 지면의 굴곡에 따라 더 많이 출렁거린다. 대신 맑아서 물속이 잘 보인다. 무엇을 지나치며 흐르는지, 새롭게 진입한 이 골짜기의 풍경이 더 선명하게 다가온다. 때로는 바위 웅덩이 같은 곳에서 잠시 정체되기도 한다. 그럴 때는 내 힘으로 저어야 한다. 스스로 방향 지어 나아가는 일이 생겼다. 어떤 때는 아무 데나 간다. 또 어떤 때는 홀연히 등장한 작은 안내자를 한동안 따라간다. 대세의 흐름에 몸을 맡겨 수동적으로 운반되던 때보다 능동성이 생활에 약간 가미되었다는 의미가 있다. 나보다 훨씬 작은 몸집의 생명체가 광활한 대자연의 물결 속에서 묵묵히 볼일을 보는 모습에는 잔잔히 전염되는 무엇이 있다. 조금 더 능동적으로 되다 보니 좀 더 단순해졌다. 불필요한 것들에 신경을 덜 쓸 수 있으니까. 그리고 단순해지다 보니 표현하고 싶어졌다.

내 마음 말고, 나 홀로 관객인 그 무대와 작품들을 표현하고 싶었다. 내가 뭐가 중요한가, 보물이 도처에 널려 있는데! 사람들이 무심코 지나간 자리일수록 건질 거리는 많았다. 전혀 의외의 장소에서 관객을 사로잡는

장면이 갑자기 펼쳐지곤 했다. 나는 그것을 보고 느끼고 기억해서 보고하면 되는 것이었다. 그 과정 전체가 표현이었다. 그것은 마술처럼 허공에서 무언가를 잡아 짜잔 형체를 부여하는 것이었다. 눈앞에서 펼쳐지는데도 아무도 봐 주지 않았으니까. 이 세상에 이미 넘쳐나는 종류의 미, 의미, 이야기는 답습하고 싶지 않았다. 그런 것들은 나 없이도 하려는 사람이 천지니까. 하지만 내가 드나드는 이 극장가는 나 혼자뿐이었다. 혼자라서 좋지만 혼자 보기에는 아까운, 그래서 표현해야만 하는 무엇이었다.

오늘 발길이 향한 곳은 대학이었다. 졸업 이후로 대학은 물론 학교라고는 근처도 안 갔다. 갈 일이 뭐가 있나? 아픈 기억만 괜스레 되살릴 뿐. 우울한 수업, 휘발된 우정, 실패한 사랑, 다시는 안 올 풋풋한 날들. 그런데 이렇게 내 발로 다시 찾아갈 날이 올 줄이야! 물론 이번에는 전혀 다른 이유에서였다. 들어야 할 수업이나 제출해야 할 리포트 따위의 의무감은 실오라기만큼도 없이, 순전히 자유 의사에 따라 누군가를 만나러 가기 위함이었다. 다른 사람들에게는 별것도 아닐지 모르지만 나로서는 특별한 일이었다. 학교는 언제나 학생으로서만 드나들던 사람이, 전혀 무관한 신분으로 그곳에 간다는 것 자체에는 탈선 행위처럼 느껴지는 데가 있었다. 어릴 때는 돈 없어서 꿈도 못 꾸던 장난감을 커서 버젓이 내 돈 내고 살 때와 비슷한 무엇이랄까?

나를 흔쾌히 만나 주기로 한 인사는 양서류를 연구하는 사람. 말하자면 과학자였다. 살면서 한 번이라도 진짜 과학자를 만나는 사람이 세상에 몇이나 될까? 나는 생각했다. 내게도 난생 처음이고, 최근에 겪은 심경의 변화만 없었더라면 당연히 없을 일이었다. 다른 직업들은 이름에서부터 어떤 사회적 기능을 하는 일인지 바로 드러난다. 의사, 소방관, 회사원, 농부, 교사 등은 자명하다. 그런데 과학자는? 무언가를 연구하는 사람? 그래, 그것까지는 알겠는데 연구해서 뭐 어쩌겠다는 것인지. 누가 시켜서도 아니고 그냥 하고 싶은 연구를 하며 사는 사람 같은데, 정말 팔자 좋은 것 아닌가? 불만은 아니고 그냥 이해가 안 가서 하는 말이다. 너무 무식하게 들릴까 봐 입 밖으로 낼 생각은 추호도 없었지만, 차갑고 육중하고 유난히 심각해 보이는 건물에 들어서며 드는 생각은 이런 것이었다.

연구실은 생각했던 것과는 딴판인 공간이었다. 연구실 문틈 사이로 살짝 보일 것이라 기대했던 광경은 너무도 당연히 이런 것이었다. 신비로운 색의 액체가 복잡한 시험관 장치에 흘러 보글보글 끓고, 저명하기 짝이 없게 생긴 백발의 학자가 현미경으로 무언가를 뚫어져라 관찰하다 무릎을 탁 치며 "유레카!"라 외치는 그런 장면. 뭐, 솔직히 이 정도는 아니었어도 과학이 실제로 벌어지는 현장에 대해 막연한 기대를 품었던 것은 사실이다. 그런데 웬걸? 다른 공간과 마찬가지로 모두 컴퓨터 앞에서 마우스만 붙잡고 있었다. 사람들 역시 정신 나간 천재 과학자처럼 생긴 이는 단

한 명도 없고 대신 스마트폰에 고개를 처박은 내 또래들만 즐비했다. 이름 모를 장비는 어디든 한가득 있었다. 허연 형광등이 줄지어 밝힌 복도는 공간을 꽉 채운 네모난 장치들의 기계음으로 진동했다. 이중 용도를 알아볼 수 있는 유일한 사물은 화장실 옆 자동 판매기뿐. 환자와 간호사가 다 빠진, 이사 준비 하느라 물건을 내놓은 오래된 병원인 것만 같았다.

약속 시간을 맞추기 위해 자판기 옆에서 5분 동안 서성이다 문을 두드렸다. 선생님께서 자리에 계시지 않지만 곧 돌아오실 테니 여기 조금만 앉아서 기다리라는 안내를 받고 공간을 둘러보았다. 여기는 조금 달랐다. 동물을 연구하는 곳이라 그런지 동물의 사진이 여기저기 붙어 있었다. 책상에 어지럽게 널린 책과 잡지의 표지에도, 외국 어딘가에서 곧 열릴 학회를 알리는 포스터에도 동물들이 대거 등장하고 있었다. 반대편에는 수조처럼 생긴 유리 상자들이 철제 선반에 나란히 줄을 서고, 바닥에는 장화와 호스 등이 널브러져 있었다. 아직 회의를 하는 중인지 옆방에서 말소리가 들려왔다. 이상으로 발표를 마치겠다는 소리와 함께 작은 박수갈채가 일었다. 과학을 하는 와중에도 박수 칠 일이 있나 보네? 건물을 통과하면서 죽었던 호기심이 조금씩 고개를 들려고 했다.

"아이고 이거 기다리게 해서 죄송합니다. 이쪽으로 오시죠."

양서류 과학자가 문을 통해 갑자기 등장했다. 인터넷에서 본 것보다 조금 더 나이 들고 인상이 조금 덜 딱딱해 보였다. '연구실'이라고 씌어져 있는 방에 들어서며 나는 스스로 환기를 했다. 여기가 바로 연구가 벌어지는 곳이구나. 무언가를 파헤치는 일, 아직 드러나지 않은 숨은 비밀을 밝히는 일, 질문을 하고 답을 구하는 일.

"맨날 이렇게 정신없이 삽니다. 요즘 한창 학생들이 연구 주제를 발표하는 시기라서요."

"네, 그렇군요. 바쁘실 텐데 이렇게 시간 내 주셔서 정말 감사합니다."

"전혀 아닙니다. 사실 이런 일이 훨씬 재미있습니다. 무슨 영상 제작 중이라고 하셨는데……."

"아, 만들고 있는 건 아직 아니고요, 준비 단계에서 여쭐 게 있어서 연락드렸습니다."

사실 여쭐 것 하나 생각해 보지 않고서 대뜸 연락부터 했던 나였다. 메일에 그리 빠른 답장이 올 줄이야. 간혹가다 문을 두드리자마자 열릴 때면 반가우면서도 심히 당혹스럽다. 기회다 싶어 바로 날짜를 잡고 그 며칠 사이에 질문거리를 만들기로 해 놓고서 그냥 미뤄 두었다. 이런 내 성격을 알기에 이렇게 이러지도 저러지도 못 하는 상황에 일부러라도 스스로를 몰아 놓아야 한다. 그래야 급해지면 막판에 무엇이라도 할 테니까.

"어떻게 들릴지 모르지만 사실 정보가 아니라 이야깃거리를 구하러 왔습니다."

내가 봐도 어처구니없는 말이었다. 영상 제작을 하겠다는 쪽은 나인데 남더러 이야기를 내놓으라? 그것도 돈 한 푼 안 주면서. 하지만 뱉은 이상 어쩔 수 없었다. 기어코 이 짓을 저지르게 한 내 무의식을 한번 믿어 보는 수밖에.

"그래요? 이야기야 많지만 적당한 게 있을지……. 그래도 생각해 두신 주제라도 있을까요?"

무엇에 홀린 듯, 나는 떠들기 시작했다. 평소에 나를 아는 사람이라면 아마 놀랐을 것이다. 평소에 말수 적은 모습과는 달리 나는 횡설수설 걱정은 아예 제쳐 둔 채 쉬지도 않고 말을 이어 나가고 있었다. 그건 할 말이 마땅히 없는 상태에서 구체적인 목적이 있는 사람 행세를 하려다 보니 어쩔 수 없이 나타난 결과였다. 행인 머리에 부딪힌 비둘기, 길을 건너는 두꺼비, 예기치 않게 만난 연못 무대 등이 두서없이 입 밖으로 흘러나오고 있었다. 대화 상대가 처음 만나는 사람이라는 사실을 새삼스럽게 깨닫고 나는 황급히 봉합을 시도했다.

"그런데 양서류들이 주인공이 되면 좋겠다는 생각이 들더라고요."

"주인공이요? 무슨 주인공이죠?"

"우리와 반대되는 삶을 사는 주인공으로 하면 어떨까 생각했습니다."

"반대된다는 게 정확히 어떤 의미인지 감이 잘 안 오네요."

"예, 좀 이상한 표현이지만 물렁한 삶을 산다는 의미에서 반대라고 느꼈습니다."

하나도 생각을 정리하지 못한 상태에서 만들어 낸 것치고 최악의 대사는 아니었다. 반응을 기다리며 나는 팔 안쪽의 물렁살을 무의식적으로 주물렀다.

"말씀하신 것에 대한 답 또는 도움이 될지 모르겠지만 이런 이야기를 하고 싶네요. 저 같은 과학자들은 동물의 특정한 면에 대해 매우 구체적인 질문을 던지고 그에 답하기 위해 가설을 세우고 자료를 모으고 분석을 합니다. 타인이 납득할 만한 객관적 체계를 갖추면서 어떤 결론이든 도출해야 합니다. 이 과정도 아주 넓은 의미에서 보면 이야기라 할 수 있을지 모르지만, 일반적인 의미의 이야기와는 상당히 거리가 멉니다. 그래서 연구의 전 과정을 담은 것이 논문인데, 읽어 보면 이야기처럼 재미있게 읽히진 않습니다. 사실 읽기가 굉장히 힘들어요, 익숙하지 않은 사람에겐. 하지만 저는 과학이 이래서 특별하다고 생각합니다. 과학을 통해 동물이 스스로 표현하게 해 주니까요. 과학자가 마음대로 이야기를 짓는 것이 아니라, 동물의 이야기가 드러나도록 돕는 일이라고 생각합니다."

한 번도 생각해 보지 않은 관점이었다. 그런데 누구든 이야기가 있을까? 나는 없는데.

"그런데 모든 동물이 자신을 표현하고 싶기나 할까요?"

"실제로 그럴 마음이 있는지 없는지는 모르죠. 하지만 옆에서 보기엔 다들 있더라고요."

"당사자는 아무 할 말이 없는데도 보고 있으면 어떤 이야기가 느껴진다는 건가요?"

"네. 왜, 인간도 말이 많은 사람일수록 오히려 재미도 없고 덜 궁금하잖습니까."

거 맞는 말이었다. 묻지도 않는데 자기 이야기하는 것처럼 듣고 싶지 않은 이야기도 없다.

"참, 그리고 양서류들이 몸만 물렁하지 나름 빡세게 사는데, 그런 의

미는 아니죠?"

과학자와 이 어이없는 주제를 갖고 집중력 있게 대화를 나눌 수 있는 여유는 여기까지였다. 지도 편달을 위해 연구실 문을 두드리는 대학원생의 수가 많아지면서 우리는 신속하게 마무리 수순에 돌입했다. 나는 영상을 제작하다가 추가로 궁금한 사항이 생기면 과학자에게 이메일로 다시 물어보고 답변을 듣기로 했다. 소기의 목적을 달성했는지 불분명했지만 충분히 해 낸 기분으로 나는 자리에서 일어섰다. 떠나기 전에 벌어진 문틈 사이로 연구실의 모습을 잠시 쳐다보았다. 종이 더미에 둘러싸여서 모니

터와 씨름하는, 가운을 입은 채 분주한 사람들. 저들의 집합적인 노력과 활동으로 인해 과연 누구의 어떤 이야기가 드러날지, 나는 궁금했다.

오후 햇살이 길거리에 노란 줄무늬를 만들고 있었다. 몇몇 가게 문에는 주인들이 기대서서 먼 산을 바라보고, 베란다에서 날씨를 만끽했던 빨래가 하나둘 걷혀 들여보내졌다. 하루 중 가장 평화로운 이 시각. 오늘의 고비는 이미 넘겼고 내일은 아직 먼 이 시점에 속한 특유의 여유가 너그럽게 맴돌았다. 수업이 끝난 아이들 한 무리가 요란스레 동네 골목을 차지하며 오늘도 놀이와 싸움의 경계를 넘나들고 있었다. 그 작은 북새통에 눈길 한번 주지 않고 지나가는 또래 아이 하나가 눈에 띄었다. 축 늘어진 어깨, 바닥에 끌리는 도시락, 몸에 너무 큰 윗도리. 요즘 아이라면 누구나 정신 팔려 있는 모바일 기기도 없이 그저 땅만 보고 터덜터덜 걷고 있었다. 그를 바라보던 나는 문득 이 많은 사람 중 저 아이를 골라 바라보고 있다는 사실을 깨달았다. 저 나이에 안 맞게 묵직한 뒷모습에서 피어오르는 무언가가 나를 사로잡았을 것이다. 어떤 주인공다움이, 어떤 이야기다움이.

# 무대 6

안녕하세요, 「반쯤 잠긴 무대」가 다시 찾아왔습니다. 특정 자연 서식지를 주제로 삼은 이 희한하고 전무후무한 팟캐스트를 다시 찾아 주신 여러분께 무한한 감사의 마음을 전합니다. 누구를 만나면 제일 먼저 하기 좋은 말이 뭘까요? 보통 날씨라고 하지만 그것도 하루 이틀이죠. 정치와 종교는 피해야 하고, 요즘은 뉴스도 조심해야 합니다. 이야기가 어디로 튈지 모르거든요. 개인사를 캐묻는 것도 좀 아니죠.

그래서 저는 자연 이야기를 한답니다. 물론 만나자마자 밑도 끝도 없이 알락꼬리원숭이의 일광욕 자세로 말문을 열진 않습니다. 약간이라도 현실과 관련이 있는 여지를 찾아 대화거리를 발굴하는 것이죠. 가령 길거리에 선 은행나무를 보며 "참, 한국은 은행나무가 흔한 몇 안 되는 국가라더군요. 다른 나라에서는 수목원 같은 데나 가야 본다던데 신기하죠."라고 말을 꺼내는 식입니다. 잘못 말하면 묻지도 않은 것을 아는 척하는 걸로 들릴 수 있어 주의해야 합니다. 그래도 사람들은 대부분 자연이나 생명이 주제로 등장할 때 평화로운 반응을 보인다는 것이 제 경험입니다. 비둘기도 아주 좋은 소재입니다. 가령 "비둘기와 마주친 적이 있나요?"라고 물으면 누구나 흥미로워하거든요. 제게 실제로 그런 경험이 있습니다. 에스컬레이터를 타고 지하철역 출구로 나오는데 비둘기가 걸어오고 있더군요.

윙 올라오며 거의 만나기 직전의 순간, 비둘기는 몸을 휙 돌려서 오던 길로 갔습니다. 마치 두고 온 뭔가가 생각나기라도 한 것처럼 말이죠.

반응을 한다는 것. 그것은 생명체의 가장 핵심적인 속성 중 하나입니다. 특히 움직임이 삶의 기본인 우리 동물에게 산다는 건 반응하는 걸 의미합니다. 동물이 가만히 누워 있으면 죽었는지 살았는지 알아보려 툭툭 쳐 봅니다. 갑자기 일어날까 두려운 마음을 반쯤 품고 말입니다. 하지만 자극에 대한 즉각적인 반응만이 생명체의 반응은 아닙니다. 어딘가에 존재하는 것 자체가 하나의 반응입니다. 저기에 있지 않고 여기에 있다는 것. 그것은 물리적, 환경적, 사회적 요소를 지각하고 그에 따라 저기 말고 여기에 있기로 결정을 내렸다는 의미에서 반응인 것입니다. 또 그 반응에는 지금 당장 일어나는 것이 있고 긴 시간에 걸쳐 일어나는 것이 있습니다. 그런 의미에서 생명체의 여러 적응과 형질도 하나의 반응이라 할 수 있죠. 반응이란 우리 동물의 정체성을 꽤나 꿰뚫는 말로 느껴지네요.

동양화 좋아하시나요? 저도 식견이 있는 것은 전혀 아니지만 좋아하는 편입니다. 제가 동양화에서 가장 좋아하는 점은 바로 감각적이고 흥미로운 생명체가 등장한다는 것입니다. 식물은 풍경에 포함될 수밖에 없으니 여기서는 동물에 한해 이야기하죠. 수려한 산세가 펼쳐진 장관을 묘사하면서도, 산길에 오른 한 나그네를 마치 숨은 그림 찾기처럼 어딘가에 표현해 놓는 것이 바로 동양화의 가장 큰 매력이라 생각합니다. 그리지 않아도 문제없을 텐데 굳이 생명체를 그려 넣는 것 말입니다. 바위나 식물처럼 정적인 대상을 그릴 때에도 감초처럼 새나 나비가 화폭에 날아든 경우가 흔하죠. 신사임당의 「초충도」는 식물과 곤충을 개별적으로 다루는 대신 아예 상호 작용하는 관계로 표현한, 본격적인 생태 예술이라 할 만한 역작입니다. 저는 5,000원짜리 지폐를 낼 때마다 「초충도병」 제4폭의 수박 넝쿨과 여치 그리고 나비 그림에 눈길을 준답니다. 전체에 비해 극히 작은 요소인 동물인데도, 그 등장으로 인해 생겨나는 풍광의 재미와 생기가 있습니다. 동물이 있기 전까지만 해도 상상하지 못했던 다른 차원의 완성도가 동물의 출현과 함께 마법처럼 생겨납니다.

무엇이 달라지는 걸까요? 평생을 한자리에서 보내며 바람과 물의 도움으로 살짝 흔드는 것 외에는 꼼짝 않는 식물들의 틈바구니에 갑자기 가미된 동적 요소가 너무도 이질적이어서 그런 걸까요? 대지의 품에 안겨 수월하게 살아갈 줄 아는 현지인 같은 식물과는 달리, 동물은 머물지 못하고 언제나 뭔가를 찾아 헤매는 이방인 같아서일까요? 나와 환경이라는 명확한 구분 속에서 하나의 주체로서 인지와 감각 기관을 동원하며 가능성의 바다를 항해하는 동물에겐 확실히 특별한 것이 있습니다. 물론 우리가 동물이라서 다른 동물이 그렇게 보이는 것이겠죠. 식물끼리는 서로 전혀 다른 이야기를 하고 있을지도 모릅니다. 어쨌든 흙과 물과 돌과 식물과 바람으로 빚어진 자연은 그 자체로서 완전합니다. 그런데 거기에 동물이 하나 놓입니다. 이상하게도 이미 완전했던 것이 더 완전해졌습니다.

그래서 오늘은 동물 이야기를 할까 합니다. 물론 습지의 동물들이죠. 그림에 재미와 활기를 불어넣는 것처럼, 동물이 습지라는 무대에 오르는 순간 우리의 반쯤 잠긴 무대는 단번에 변신하게 됩니다. 물론 "오른다."는 말이 꼭 맞지는 않습니다. 가령 청둥오리나 원앙처럼 수면 위에 떠서 지내는 수면성 오리류에게야 무대에 오른다는 표현이 어울리죠. 고니야말로 정말이지 등장한다는 말이 합당한 동물입니다. 하지만 습지는 그 속에, 그 안에 사실 대부분의 동물들이 거주하고 있습니다. 물속이든 바닥이든

풀숲이든 말이죠. 참고로 물속 바닥에 사는 생명체를 저서(底棲) 생물이라 한답니다. 앞으로 많이 등장할 테니 알아 둡시다. 얼핏 봐서는 안 보이지만 습지의 주인공이라 할 수 있을 정도로 그 수가 많은 깔따구 같은 곤충들은 습지 어딘가에 모여 우우 정신없이 날아다니고 있습니다. 그러니 모두가 같은 의미에서 무대에 오르는 것은 아니죠. 무슨 말을 하려는 건지 아시리라 믿습니다.

한 번이라도 야외로 나가 관찰해 본 분은 알겠지만 자연에 갔다고 해서 동물이 툭툭 튀어나오는 것은 아닙니다. 시간을 들여 침착하게 기다려야 합니다. 운도 따라야 하죠. 아무리 공을 들여도 얼마든지 허탕 칠 수도 있음을 받아들여야 합니다. 그러다가 동물을 보지 못하면? 뭐 아무래도 좋습니다. 야생 동물이 애먼 인간 손님에게 스스로를 드러내야 할 의무를 지닌 것도 아니잖습니까. 그런데도 많은 사람이, 자칭 동물과 자연을 좋아한다는 이들이 흔히 범하는 우는 원하는 때에 원하는 종을 어떻게든 보는 데에만 열중하고, 실패했을 때 원망 또는 실망하는 일입니다. 이는 동물을 시각적으로 수집하기, 총을 사진기나 쌍안경으로 대체한 사냥이나 다름이 없습니다. 물론 동물을 죽이는 건 아니니 차이는 분명히 있죠. 하지만 동물이 내 시야에 들어와 나에게 포착돼야만, 또는 실제로 내 그물에 포획돼야만 직성이 풀리는 것을 요체로 한 탐조, 탐어, 낚시 등의 활동은 자연을 대상화하는 방식에서 사냥과 매우 유사합니다. 그래서 동물에 대해 빠삭한데 아는 척하기 바쁘고, 흔한 종은 무시하며 자연과 조화로운 인성을 갖지 못한 사람이 그리도 많은 것입니다.

보되 그 이상을 보기. 이것이 열쇠입니다. 무척이나 흥미로운 동물의 출현을 희망하면서도 그에 집착하지 않는 것. 대신에 동물이 거기에 존재한다면 그 존재가 의미하는 생태적 관계의 끈과 사슬을 생각하며 빈자리 아닌 빈자리를 쳐다보는 것입니다. 가령 연못과 이를 둘러싼 수변 식생을 바라보며 생각합니다. 이곳에 중첩된 삶은 과연 얼마나 될까. 저 연잎의 융단으로 만들어지는 연못 밑바닥의 그림자는 어떨지. 수면 위로 드리워진 저 나뭇가지는 물총새의 자리로 적당해 보이는데. 이곳에서 생산되는 먹이와 에너지는 어느 정도의 규모와 다양성을 지닌 생태계를 지탱하는 걸까. 이런 식이라면 볼 게 한도 끝도 없습니다.

그런 의미에서 동물 생태학 이야기를 하겠습니다. 눈에 보이는 것 이상의 풍부함을 헤아리게 해 주는 관점으로 생태학만 한 게 없습니다. 모두

가 모두에게 여파를 미치는 관계망 속에서 생명을 바라보게 해 주니까요. 지금은 너무나 당연하게 들리지만, 이런 식으로 생명체를 이해한 지는 그리 오래되지 않았답니다. 누가 누구를 잡아먹으면서 먹이 피라미드가 만들어진다는 것 정도야 진작 알았죠. 하지만 동물이 무엇을 먹고 어디서 살고 언제 번식하는지 등 각 종의 디테일이 제일 중요하게 다뤄졌습니다. 물론 중요하죠. 다만 워낙 방대하고 개별적이라 동물 한 종을 이해하는 데에는 도움이 되더라도 서로를 엮어서 생각하게 하기는 어려웠습니다. 이때 동물 한 종 한 종을 엮어 주는 실이 바로 생태학입니다.

생태계에 대한 이해는 에너지와 영양분의 생산 및 전달을 이해하는 데서 시작됩니다. "동물 이야기를 하더니 웬 에너지?"라고 할 수 있겠죠. 자연스러운 반응입니다. 말하자면 경제와 비슷한 것입니다. 각 개인에게 무슨 능력이 있건 간에 경제가 돌아가야 그 속에서 어떤 역할을 하면서 밥벌이할 수 있는 것과 유사합니다. 동물이 속한 생태계가 어떻게 에너지와 영양 물질을 만들어 내고 분배하는지에 따라 그 동물의 운신 폭이 정해집니다. 역으로 그 동물의 활동도 전체 시스템이 작동하는 데 한몫을

합니다. 때로는 정말 톡톡한 역할을 하기도 하죠. 그래서 동물이라는 렌즈를 통해 그 동물 자체는 물론 생태계 전체를 읽는 묘미가 있답니다.

물과 흙의 어우러짐. 물속 그리고 물가의 식물. 습지의 기본 세팅입니다. 눈앞에 없으면 흥건하게 물을 준 화분을 떠올리면 됩니다. 딱 보기만 해도 풍성한 생태계 같죠? 그렇습니다. 그런데 무엇이 풍성하다는 것이죠? 제일 먼저 볼 것은 1차 생산입니다. 한마디로 남을 먹지 않는 대신 먹을 걸 알아서 스스로 만들어 내는 생명체들. 이들의 왕성한 생명 활동을 딱딱한 말로 1차 생산이라고 부릅니다. 먹을 수 없는 햇빛, 물, 이산화탄소로 먹을 수 있는 포도당을 만들어 내니까요. 이걸 1차 소비자인 초식 동물이 먹으면서 생태계 여기저기로 에너지와 영양분이 전달되기 시작됩니다. 습지는 한눈에 봐도 수련이나 갈대 등의 습지 식물이 풍부해서 많은 초식 동물을 배불리 할 것 같죠? 아닙니다. 의외로 그런 식물 자체가 주식인 동물은 많지 않습니다. 그런 동물이 주를 이뤘다면 소에게 뜯긴 초지처럼 습지 식물들이 바짝 뜯겨 있는 습지가 흔하겠죠. 하지만 우리의 습지는 누군가 다 먹어 치우면서 쓸고 지나간 느낌을 주는 공간이 아닙니다.

흥미로운 점은 습지에 사는 동물 대부분이 포식자라는 사실입니다. 식물 자체를 먹는 동물도 물론 있습니다. 달팽이, 멸구, 날도래 유충, 청둥오리나 가창오리와 같은 수면성 오리, 미국 습지에 사는 사향쥐 등은 살아 있는 식물, 씨앗, 낙엽 등을 먹는 대표적인 동물들입니다. 아프리카의 습지에는 습지 동물의 왕인 육중한 하마가 있죠. 코뿔소도 의외로 습지 식물에 영향력이 있는 동물로 범람원에서 자라는 나무들의 씨앗을 퍼뜨리는 역할도 한답니다. 그렇지만 습지의 동물들 전체 중에는 식물을 직접 먹는 종류보다, 분해되는 식물이 주식인 다른 동물을 잡아먹는 종류가 더 많습니다. 아프리카의 늪은 식물의 1차 생산량이 초원보다 몇 배나 많지만, 늪이 지탱하는 초식 동물의 수는 초원에 비교도 안 될 정도로 적습니다. 그만큼 먹이라는 게 상대적인 개념이기 때문이죠. 이론적으로는 뭐든 누군가의 밥일 수 있지만, 얼마나 적응한 생명체가 있느냐에 따라 다른 것입니다. 어쨌든 그래서 습지의 에너지와 영양분, 즉 습지 경제의 근간은 식물, 분해된 식물 찌꺼기, 조류(藻類), 미생물 등으로 구성됩니다. 그중에서도 주목할 만한 걸 꼽으라면 바로 식물 찌꺼기와 조류입니다.

발에 차이는 식물 찌꺼기가 이렇게 중요한 줄 미처 몰랐죠? 습지가 만들어 내는 식물의 양, 즉 1차 생산량은 열대 우림과 맞먹을 정도의 위용을 자랑하는데 습지 동물들은 식물 자체에 의존(10퍼센트)하기보다 그 찌꺼기와 조류에 더 의존(90퍼센트)한다는 점이 재미있습니다. 아무래도 물이 많다 보니 식물들과 어우러져 한식의 '탕'이나 '국'처럼 되는 형국 같습니다. 먹기에 딱 좋게 '데쳐졌다'고나 할까요? 비과학적인 표현이지만 이해하는 데 도움이 된다면 좋습니다. 식물 찌꺼기는 각종 무척추동물과 미생물 그리고 물의 움직임이 습지의 주방에서 열심히 '칼질'한 결과라 할 수

있습니다. 물론 손님을 생각하고 일한 건 아니고, 스스로 먹고사는 과정에서 생긴 현상입니다. 의도치 않으면서 다른 존재에게 도움이 되는 삶. 이것을 기본 단위로 삼아 자연을 이해하는 체계가 바로 생태학입니다.

그런데 이런 찌꺼기는 양이 풍부하긴 하지만 단백질이나 에너지 함량이 낮아 질적으로 열악한 음식입니다. 보통 구하기 쉬울수록 질이 떨어지는 경향이 있죠. 그래서 다른 먹이로 보충해 줘야 합니다. 습지의 또 한 가지 풍부한 자원인 조류가 등장할 차례이죠. 김, 미역, 다시마를 떠올리면 조류가 얼마나 영양가 높고 맛난 음식인지 감이 올 것입니다. 조류는 찌꺼기보다 우수한 먹이로서 늪, 갯벌, 범람원, 특히 맹그로브 숲의 주요 먹이원으로 작용하고 있습니다. 아, 맹그로브 숲은 제가 무척 좋아하는, 아니 사랑하는 습지의 한 종류입니다. 어찌나 신비롭고 아름다우며 매력적인지 말로 다 할 수 없습니다. 한국에 있는 습지가 아니라서 모르는 분들이 많은데 이건 나중에 사진과 함께 제대로 다루겠습니다.

잠시 옆길로 샜습니다. 혹시 갯벌에서 바닥에 돌아다니는 작은 갑각류인 흰발농게를 본 적이 있는지요? 가까이 가면 재빨리 굴로 들어가기

때문에 미동도 안 하고 기다려야 쓱 모습을 드러내는 녀석들을 볼 수 있습니다. 소리는 마음껏 질러도 상관없습니다. 거의 듣질 못하거든요. 대신 손가락 하나만 까딱해도 바로 사라지죠. 이 작은 동물이 지닌 청각과 시각의 극단적 차이를 생각하면 절로 미소가 지어집니다. 또 암컷을 부르기 위해 수컷들이 한쪽 집게발을 흔드는 모습도요. 한쪽만 유난히 커서 눈에 잘 띄거든요. 또 평소에 이들을 지켜보면 쉬지 않고 바닥에서 뭔가를 주워 먹고 있는 걸 볼 수 있습니다. 갯벌에 있는 온갖 유기물을 먹는데, 조류도 중요 먹이 중 하나랍니다. 한 가지 예에 불과하지만, 그동안 조사된 바에 따르면 습지의 조류는 무척추동물 및 미생물과 긴밀한 상관 관계가 있다고 합니다. 습지에서 떠올린 물 한 바가지엔 온갖 식량이 담긴 것이죠.

하지만 잊지 마십시오. 습지에 사는 동물 중에서 가장 많은 수는 포식자로서 살아가고 있습니다. 물속과 물가의 삶이 병치된 잠자리 유충과 성체, 습지의 동물상에 가장 결정적인 영향을 미치는 어류, 습지 동물의 하이라이트인 물방개나 소금쟁이 등의 수서 곤충, 습지 생활을 가장 잘 체화한 듯한 개구리 등의 양서류, 습지에 대한 적응의 끝판을 보여 주는 거북 및 악어 등의 파충류, 조각처럼 서 있다가 번개처럼 물고기를 낚는 왜가리 등의 조류, 그리고 삶이란 곧 물 만난 즐거움인 듯 뛰노는 수달 등의 포유류. 방금 나열한 습지 동물은 전부 누군가를 잡아먹고 사는 포식자입니다. 습지의 넘쳐 나는 식물, 그 풍부한 1차 생산량을 동물 생태계에 공급하는 1차 소비자들, 그리고 이 축축한 잔치에 모여든 가지각색의 2차, 3차 소비자들. 물결이 일지 않는 조용한 연못가에 앉아 은근하고도 신비롭고 모호하면서 미학적인 습지의 동물 생태학을 생각해 봅니다. 이 기분 그대로 유지하며 오늘은 이만 여기서 마무리합니다. 안녕히 계십시오.

# 7장

랄랄라. 드디어 음악이 바뀌었다. 휴, 이제야 좀 살 것 같네. 요즘 카페는 다들 왜 이런지, 음료와 분위기는 웬만하면 괜찮은데 음악이 복병이다. 다들 카페 같은 공간에서는 잔잔하게 깔리는 음악을 기대하지 않나? 무언가를 너무 절절하게 호소하는 목소리를 귓가에 두고 전혀 다른 일에 집중하기란 나로서는 심히 어려운 일이다. 그럴 때마다 어리둥절한 눈으로 주변을 둘러보지만 나 말고 신경 쓰는 사람은 언제나 아무도 없다. 다들 집중력 한번 좋네. 부러워해야 하는 것인지 뭔지. 한 번은 큰마음 먹고 카페 사장님에게 음악을 바꿔 달라고 말한 적도 있지만 그마저도 거절당한 이후로는 그냥 가만히 있는 편이다. 카페 사장님들, 내가 좀 알지. 이제는 그저 스피커의 소리 폭포수 바로 아래에 위치한 자리를 피하는 것으로 대응 전략을 대신하고 있다.

취향의 차이라고 누군가는 말하겠지. 나의 취향으로 말할 것 같으면 방금 말한 바로 그런 종류의 음악이다. 소위 배경 음악. 라디오를 듣다 "아, 이제 드디어 내가 좋아하는 음악이 나오나 보다!" 하며 볼륨을 키우는 순간 음악 소리는 쑥 내려가고 아나운서의 말이 시작되는 경험을 얼마나 무수히 했는지 모른다. 자주 들어 귀에 익은 곡조를 레스토랑이나 호텔 로비에서 만나는 일도 무척 잦았다. 보통 자신이 주인공이기보다는 다른 무언가를 돋보이게 하는 데 쓰이는 음악. 있는 듯 없는 듯 공간을 가랑비처럼 적시는 음악. 그런 음악이 실내 공기를 타고 내 귓불에 흘러 들어오곤 했다. 그런데 이런 청취 습관에는 한 가지 부작용이 뒤따랐다. 웅성웅성한 남들의 이야기 소리도 본의 아니게 함께 감지되는 것이었다. 물론 별로 들을 것은 없었다. 돈과 연예인, '맛집'과 쇼핑 이야기가 아니면 십중팔구 다음의 공식에 들어맞는 이야기이다. "내가 A나 B만 돼도 아무 말 안 해. 심지어는 C까지도 그런가 보다 할 수 있어. 하지만 D는 정말 너무한 거 아냐? 자기는 E인 주제에? 그러니 내가 어떻게 F 하지 않을 수가 있냐고. 남들 같으면 G 아니 H까지 하고도 남지. 나 정말 I해서!" 약간의 차이는 있겠지만 대체로 빈 칸에 해당 내용만 대입하면 웬만한 대화는 커버된다는 것이 나의 경험이다. 이런 잡생각의 실개천에서 한창 물장구 치고 있을 때 그가 들어왔다. 준비 안 된 상태로 회의에 임하는 자랑스러운 연속 기록이 오늘도 이어지는 순간이었다.

"안 그래도 이거 어떻게 돼 가나 하고 있었습니다."

"많이 진전된 건 없지만 나름 발품 팔면서 조사도 하고 그랬어."

"참, 카페 알바 그만뒀다면서요? 꽤 갑작스럽네요."

"응. 빡쳐서 그냥 안 가 버렸어. 좀 짜증나는 일이 있어 가지고."

"좋죠, 안 가면. 돈 벌 때보다 그만둘 때가 더 쏠쏠하더라고요."

"하하 그래. 그 느낌 알지. 잘 알지."

우리는 보통 작업을 맡으면 우리식의 해석을 많이 가미하는 편이다. 그렇지 않을 바에야 이런 일 무엇 하러 하나를 신조로 삼은 것처럼. 그로 인해 발주자와 갈등이 빚어질 때도 많다. 생각하는 바가 서로 다르니까.

그럴 때마다 우리는 단순 용역이 아니라고 답하곤 하는데, 대부분 이 말에 어이없어하는 반응을 보인다. "단순 용역 맞잖아!"라고 말하고 싶은 것을 선제공격으로 틀어막은 효과이다. 그런데 이번 건은 정반대였다. 여기는 오히려 작가적 상상력을 한번 발휘해 보라는데 그 이유를 묻자 이런 대답이 돌아왔다. "정보 전달보다 설득이 목적이거든요. 작품으로 만나면 작품처럼 받아들일 테니까요."

"정보 전달보다 설득이 목적이라, 하나의 작품이 돼야 사람들도 다르게 받아들인대."

"네."

서자 취급을 당한 정보의 억울함에 대해 생각해 보았다. 세상에 정보가 정말 많기는 많은데 그것으로는 부족하다는 것인가. 객관적이고 중립적인 사실 관계를 나타내는 정보만으로는 마음에 이르는 데 역부족이라는 뜻일 텐데, 그렇다고 해서 알맹이 하나 없는 미사여구로 그럴듯하게 포장하는 것이 가치 있게 느껴지지도 않는다. 알맹이와 포장, 이 답답한 구도를 벗어날 수는 없을까? 속내를 숨긴 외양, 이 둘 사이에 이질성과 차가움이 있으면 사람은 근본적으로 신뢰감을 갖지 못하는 존재이다. 그래서 때로는 포장이 너무 과한 나머지 멀쩡한 내용물이 의도치 않게 실망감을 유발하기도 한다. '애걔?' 하면서 말이다. 반대로 내용이 너무 충실한 나머지 포장이 전혀 안 되어 있으면 혼란스러운 불쾌감을 일으킬 때도 있다. '엥?' 하면서 말이다. 겉과 속이 각각 겉 역할과 속 역할에만 치중한다면 답은 없다. 경계가 선으로 그은 것처럼 분명해서는 안 된다. 서로 스며들 수 있어야 하는 것이다. 촉촉하게.

"나도 처음 이 일을 맡았을 때는 막막했어. 괜히 한다고 했나 후회도 되고. 사실 지금도 뚜렷하게 감을 잡은 건 아니지만 말이야. 솔직히 개구리가 길 건너게 해 주는 무슨 통로에 대해서 내가 뭘 알겠냐고. 그런데 우연히 이상한 데서 접점 아닌 접점을 느낀 거야. 그것도 그 주제랑 별 상관없는 일로. 예를 들어 지난번에 물에 띄우는 태엽 장치 장난감 파는 아저씨를 봤잖아. 그때 장난감을 보는데, 있던 햇볕이 갑자기 싹 가려지니까 엄청 어둡고 안 좋더라고. 그때 순간적으로 어떤 숨 막히는 싸늘함을 느꼈는데, 말도 안 되게 개구리인지 두꺼비인지가 생각나더라. 생각나기만 한 게 아니라 이해되더라고. 그들이 느낄 막막함이. 뭐, 비약인 거 나도 아는데 아무튼 나한테는 그런 연결 고리가 실제로 생겼어."

일에 도움이 되는 이야기인지는 전혀 알 수 없었지만 무엇이든 이야기를 시작할 거리가 있어야 할 것 같아 나는 아무 거리낌 없이 지껄였다. 다행히 이 녀석의 장점은 무엇이든 들어줄 줄 안다는 것이었다. 어쨌든 나라는 한 개인에게 생길 수 있는 연결 고리라면 다른 누군가에게도 생길 수 있다는 것을 의미하지 않나? 그런 최소한의 자신감도 없다면 이런 것 하면 안 되지.

"그러고도 몇 번이나 더 있었어. 모르겠다, 넌 어이없다고 할지. 하지만 적어도 내가 작위적으로 갖다 붙인 말은 아니라는 건 알아 줬으면 좋겠어. 비둘기가 날다가 사람 머리에 부딪

히는 걸 난생 처음 봤을 때도 그랬어. 그동안 비둘기는 있어도 없는 존재인 것처럼 여기고 지내 왔는데, 사실은 우리 바로 옆에 있다는 게 확 와 닿더라고. 갑자기 주변의 소소한 것들에 눈을 떴다는 이야기는 아냐. 뭔가 다가오는 소리도 못 들었는데 너무 가까이에서 인기척이 느껴질 때 있잖아. 게다가 일종의 실수잖아, 부딪힌다는 게? 동물이 실수한다고는 아예 생각도 못 해 봤거든. 그 실수 때문에 평소에는 전혀 섞일 일이 없었던 사람이랑 작은 사고가 난 건데, 동물이랑 인간이 평행선을 그리는 것만은 아니구나 싶더라. 엇갈릴 수 있단 걸 알았지. 생태 통로도, 하도 사고가 많이 나니까 설치했다는 게 한참 나중에야 떠올랐고. 그런데 그것보다 더 결정적이었던 건 카페에서 일어난 일이었지. 사실 이게 제일 직접적인 관련이 없는 일인데 말이야."

이때부터 나는 마치 넋두리를 늘어놓는 듯 묘한 창피함을 무릅쓰고 이야기하고 있는 나 자신을 발견했다. 일 때려치운 치기 어린 반항기를 자랑이라고 내세우는 것도 모자라 거기에 의미까지 부여하는 꼴이라니. 조금 전까지만 해도 나쁘지 않았던 내 경험과 해석에 대한 자신감이 급속도로 쪼그라들고 있었다. 참 야속한 일이다. 좋게 보았던 것을 한순간에 안 좋게 보기가 굉장히 쉽다는 사실이 말이다. 그 역은 성립하지 않는다.

"하여튼 특별히 그 애나 그 여자를 감싸 주고 싶어서 그랬던 건 아냐. 물론 내가 그만둠으로써 주인아저씨는 배상을 요구할 수 없게 됐지만. 고민해 봤는데 이게 이유 같아. 갖고 놀라고 있는 장난감을 어른이 돈으로 모아 자랑하는 게 처음부터 불편했어. 물론 요즘 장난감 회사야 오히려 이런 사람을 노리지만. 그런데 완전 들이대듯이 늘어놓고서 그까짓 깃대 하나 부러진 걸 갖고 호들갑 떠는 꼴을 보니 정나미가 다 떨어지더라고. 거기서 꼭지가 돌아갔어. 지극히 자연스러운 걸 못 하게 하는 것 말이야. 아니 그 정도가 아니라 부자연스러운 게 마치 당연하고 옳은 것처럼 구는 거. 더 우월하고 나은 것처럼 말이야. 정확히 뭐라고 콕 집긴 어려운데, 본래 생긴 대로 또는 생리대로 돌아가도록 하는 게 중요한 것 같아."

그래도 느꼈던 바를 용기 내서 끝까지 털어놓고 나니 기분이 한결 나아졌다. 어차피 이 자리는 아무것이나 생각나는 대로 던져 보는 아이디어 회의 자리이니까. 그런데……. 가만있어 보자. 내가 지금까지 열거한 것이 아이디어인가? 이러다가 무엇이라도 건질 수 있으려나 모르겠네.

"일종의 자연스러운 흐름인가요? 형이 중요하다고 생각한 그게?"

"음……. 맞아. 그런 거 같아. 그렇게 쉬운 단어가 왜 안 떠올랐지. 그렇지, 흐름이지……."

"어쨌든 주인 입장에서는 자기 물건이 망가졌는데 가만히 있기도 그렇지 않을까요?"

"그 상태를 이미 받아들이면 그렇지. 나는 그 상태 자체에 문제를 제기하는 거야."

“그 자체가 이미 꽉 막힌 상태라는 거죠?”

“그렇지! 그래 놓고서 나보고 물러 터졌다고 하더라.”

“물러 터지면 흐르니까 좋은 거죠.”

“그런가? 하하.”

어라? 어느 순간부터 나에 관한 이야기를 하고 있지 않은가. 그럴 생각은 아니었는데. 나와 전혀 무관한 무엇을 말하다가 어떤 이상한 경로를 거쳐 나에게 이르는 현상. 그것만큼 놀라운 것도 없다. 나와 무엇 사이에 생기는 그 끈은 조금도 논리적이지도 필연적이지도 않다. 그래야만 하는 어떤 이유도 없는 것이다. 세상은 넓고 온갖 것으로 꽉 차 있어 그 모든 것 사이에 존재할 수 있는 관계의 수도 어마어마하다. 그렇다 하더라도 이론적으로 가능한 대부분의 잠재적 관계는 실제로 생겨나지 않으며, 아주 긴 우회로를 거쳐 간접적으로 연결되어 있거나 거의 무관하다 할 수 있다. 무관이 세상의 모드이자 기본 값이다. 그 무관이 어느 날 유관으로 바뀌는 순간, 그것은 기적과도 같다. 어둠 속에서 밤하늘의 별을 바라보는 이의 시선처럼 시간과 공간을 뛰어넘고 궁극적으로 나를 훌쩍 뛰어넘는 일이다. 그래서 나의 존재도 모르는 어느 유명인의 흥망성쇠에, 이국에서 뛰는 스포츠 팀의 승패에 울고 웃는다. 그래서 한반도에 앉아 먼 북극의 하얀 곰을, 집을 잃고 떠도는 피난민의 안위를 염려한다. 처음에는 아무것도 아니었다. 하지만 더 이상 아무개가 아니다. 나와 유관한 무엇이다.

기억을 거슬러 올라가 보면 내 가족과 친구의 영역을 벗어나 완전히 낯선 사람에게 애착을 느꼈던 첫 경험이 있다. 길거리를 돌아다니며 무언가를 파는 나이 든 아저씨였는데 우리 집 앞을 지나가는 모습이 왕왕 보이곤 했다. 언제 나타날지 전혀 몰랐지만 물끄러미 창밖을 바라보고 있다 보면 때때로 불현듯 생각났다. 재미있는 일 없나 지루함을 달래러 창가에 선 평범한 아이의 일상 속에서 조금도 있을 법하지 않은 그 끈이 대체 어떻게 생겨난 것인지는 나도 모른다. 내가 알았던 것은 그 사람이 끌고 가던 수레, 그것이 몹시 무거워 보였다는 것. 그리고 그것을 덜어 줄 수 있으면 좋겠다는 당시 나의 생각이었다. 내게 돈이 있다면 무엇인지도 모르는 그 물건을 사서, 잔뜩 찌푸리고 꾀죄죄한 그 얼굴이 잠시나마 펴는 것을 보고 싶다는 마음이 왜인지 들었다. 힘들어 보이는 행인들은 넘쳐 났지만,

나는 유독 그에게 동했다. 오죽했으면 요즘도 그가 새록새록 떠올랐다.

작은 변화가 느껴졌다. 겉으로 확연히 드러나는 무언가는 아니었지만 안에서 조용한 물결이 일고 있었다. 누가 보면 어딘가 나답지 않다고 할지도. 하던 일을 갑자기 그만두고 혼자서 무작정 여행을 떠나고 말이다. 모르는 사람을 섭외해서 만나러 가는 것도 근래에 흔치 않았던 일이다. 혼자만의 막에 둘러싸여 살던 나치고는 행동력이 너무 발휘되었던 요 며칠이다. 그 과정에서 끈들이 생겨났다. 마치 어릴 적에 본 수레 끄는 아저씨처럼 나도 모르는 사이에 말이다. 그런데 그때와 지금 사이에는 한 가지 분명한 차이점이 있었다. 예전에는 그 끈의 가닥이 또렷했다. 가늘고 가냘팠지만 한 오라기의 실이 하나의 대상에 단단히 묶였다. 지금은 그렇게 분명하지 않다. 오히려 거미줄처럼 뭉치로 무언가와 덕지덕지 붙어서 닿아 있는 기분이다. 그 대상은 특별히 어떤 사람이나 생명체, 사물이 아니다. 그보다는 어떤……. 어떤…… 흐름이다. 정말 맞네. 흐름과 흐를 자유 등으로 대변되는 무엇이다. 하, 녀석이 통찰력이 있단 말이야. 뭐 소가 뒷걸음치다 쥐 잡은 격이겠지.

"다 좋은데 원래의 주제는 어떻게 되는 거죠?"

"원래의 주제? 가만있어 봐. 뭔지 전혀 안 떠오르네. 내가 미쳤나."

"두꺼비가 무사히 목적지에 도달할 수 있게 도와주는 일이라고 하셨습니다."

"아 그렇지! 응, 사실 내가 그쪽도 나름 연구를 했지. 직접 보러 갔다 왔다니까."

"두꺼비를 만나고 오셨나요?"

"두꺼비는 아니고 개구리 같아. 운이 좋았는데 어쨌든 눈으로 보니까 다르더라."

"재미있네요. 만났다는 사실 자체가요."

"내 입장에서는 그랬지. 개구리 입장에서는 모르겠지만."

무엇이 쓸모가 있고 없을지 전혀 알 수가 없어서 우리는 일단 종이에 전부 적어 보기로 했다. 그가 자세를 잡고 조용히 듣는 덕분에 나는 괜한 부끄러움을 모두 떨쳐 내고 내가 우연히 발견하고 구경한 무대에 대해 최대한 자세히 묘사하기에 이르렀다. 동물의 이야기가 드러나도록 돕는다는 양서류 과학자의 묘한 말을 전하자 그는 마치 이해한 듯한 표정으로 끄떡였다. 그럴 때는 그가 얄밉기도 하다. 내가 아직 감 잡지 못한 것을 먼저 알아차렸을 때 말이다.

창밖으로 날이 어두워져 갔다. 바닥에 있던 새 한 마리가 푸드덕 날아 건물 위로 솟아올랐다. 창공을 유유히 돌고 있던 다른 새들의 무리에 합세해 호를 길게 그리기 시작했다. 나는 이제는 점으로만 보이는 그 한 마리를 바닥에서부터 시선으로 좇고 있었다. 이제는 무리에 섞여 분간되지 않았다. 구름은 새들과 함께 고요히 순환하고 있었다.

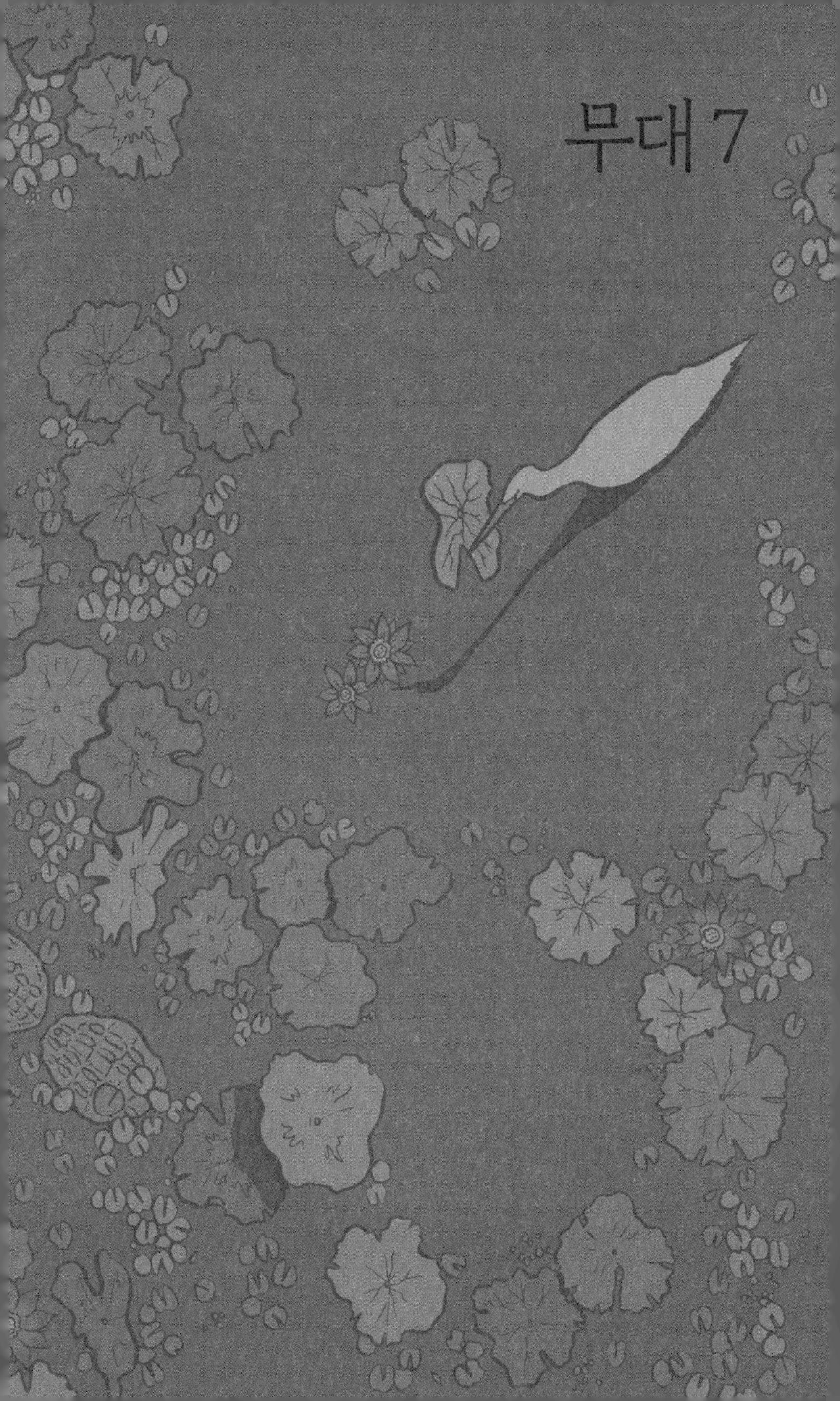

# 무대 7

여러분, 안녕하십니까. 「반쯤 잠긴 무대」입니다. 그간 잘 지내셨는지요? 서로 실제로 아는 사이도 아닌데 이런 인사는 좀 어색한가요? 저는 전혀 그렇지 않습니다. 애초에 극소수의 사람만을 생각하고 시작한 일이라서, 얼굴을 본 사이가 아닌데도 이미 개별적인 친근함을 느끼고 있답니다. 사람들은 익명성을 점점 더 선호하는 것 같으면서도, 동시에 불특정 다수에 너무 파묻혀서 존재감을 잃는 것도 딱히 원하지 않는 것 같습니다. 참 까다롭죠? 어쨌든 반가운 여러분의 안녕을 기원하며 이번 시간을 시작해 보겠습니다.

막 이야기를 하려 하는데 웬 굉음이 들려오네요. 하필이면 옆 건물에서 공사를 하는 모양입니다. "하필"이라는 말을 쓰기도 민망하죠, 워낙 자주 일어나는 일이니. 여러분도 느꼈는지 모르겠지만 우리나라처럼 공사를 밥 먹듯이 하는 나라도 없습니다. 외국에 사는 친척 녀석들이 놀러 와서 그러더군요. 여기는 왜 늘 공사만 하는 '공사의 나라'냐고요. 유난히 뜯어고치길 좋아하는 곳이라고 대답했죠. 땅이나 건물이나 얼굴이나. 전의 모습과는 매우 다르게 바뀌었음을 강조하기 위해 단골로 등장하는 부사 '확'이 있잖습니까? "확 바뀠습니다!"처럼 선전 문구에서 흔히 보이는 부사이죠. 이 '확'에 방점을 찍어 힘줘 말하는 사람들의 말투를 듣고 있자면 거칠게 뜯어 버리고자 하는 벌건 욕망이 마치 그대로 드러나는 것만 같습니다.

공사가 한창 벌어지는 곳은 높은 가벽으로 둘러싸여 있는데, 이 벽을 그냥 놔두지 않고 환경 미화의 차원에서 여기에 그림을 그리곤 하죠. 요즘에는 이곳조차 홍보용으로 전락한 경우가 많지만, 여전히 그림 또는 장식을 해 놓은 가벽을 볼 수 있습니다. 이때 가장 자주 등장하는 테마는 푸르고 양지바른 동산에 솜사탕 같은 나무가 여기저기에 있고, 정답게 구부러진 길을 따라 가면 예쁜 벽돌집 한 채가 있는 그런 풍경이랍니다. 유치원 실내에 있을 법한 그림이 더 큰 버전으로 바깥에 있는 셈이죠. 아무도 눈길을 안 주고 지나치는 이런 종류의 그림을 저는 물끄러미 보곤 했는데 그때의 심상은 슬픔이었습니다. 이 조악하지만 밝고 평화롭고 단순한 세상이 실제로는 없다는 사실이 상기되거든요. 특히 저 여유로운 공간, 녹색으로 덮인 대지, 띄엄띄엄 놓인 집들. 세모꼴 지붕도 그렇죠. 세모난 붉은 지붕은 더 이상 없고 대신 네모난 아파트뿐인데, 왜 아직도 아이들은 집을 그리라 하면 세모부터 그리나요? 잘못 그렸다고 혼내야죠. 실제대로

성냥갑처럼 그릴 때까지 말입니다.

그중에서 저를 가장 안타깝게 했던 것은 바로 연못이었습니다. 납작한 타원형으로 쓱 그려 간단하게 표현된 연못. 공사장 가벽 그림을 수놓던 대표적 조형 요소 중 하나입니다. 그런데 실제는? 여러분 중에서 자연 연못을 정말로 본 사람이 있나요? 있다면 제게 연락 좀 해 주십시오. 직접 가 보려고요. 큰 갈빗집 앞에 조경 회사가 인공적으로 만든 것 말고, 땅이 물과 만나는 경계가 자연스럽고 그 경계가 오붓한 폐곡선을 만든 진짜 연못을 야외에서 만나기란 여간 어려운 일이 아닙니다. 연못은 아주 귀하답니다. 특히 내륙의 평지에 있는 연못은 더욱 그렇죠. 아이들 동화책에 맨날 등장하는 이 친근한 연못이 실제로는 매우 발견하기 어렵다는 사실은 가히 충격적입니다. 원래부터 그랬던 것은 아닙니다. 우리나라는 논농사가 주라 일찍이 많은 면적의 땅이 개간됐지만 그럼에도 여기저기에 내버려 둔 곳이 더러 있었습니다. 그동안 쉬지 않고 분 개발 바람으로 남은 연못마저 자취를 감춘 것이죠. 공사장의 어설픈 그림으로만 겨우 볼 수 있는 수준으로 말입니다.

오늘날의 세태를 돌아보면 어쩌면 가장 당연한 일인지도 모릅니다. 무시무시한 거대 기계처럼 돌아가는 이 현대 문명이 산도 깎고 숲도 밀고 강도 막는 마당에, 살짝 꺼진 땅에 물이 조금 고인 연못 따위가 남아난다는 건 있을 수 없는 일이죠. 그렇습니다. 움푹 파인 곳에 고인 물, 세상이 돌아가는 큰 틀에서 보면 얼마나 사사로운 것인가요. 덤프트럭 한 대분의 흙이면 한 방에 메워지는 것에 불과합니다. 아마 그래서 대개는 공사하다가 뭘 짓밟는지도 모르는 채 파괴됐을 것입니다. 그 정도로 외부의 교란에 상당히 취약한 자연이라고나 할까요, 무방비 상태라 불러도 무방할 것입니다. 아주 작은 연못의 경우에는 일시적으로 물이 고였다가 나중에 증발해 버려서 자연적으로 소멸하기도 한답니다. 이런 웅덩이는 대개 겨울철 흙 속에 얼어 있던 물이 봄에 녹으면서 생겨난다 해서 임시 봄못(vernal pool)이라고 부릅니다. 물이 다 말라 버린 다음에 그곳을 지나치는 사람은 아무것도 눈치채지 못하겠죠. 그저 약간 꺼진 땅 외에는. 땅이야 원래 울퉁불퉁하니까요.

물론 제법 큰 것도 있지만, 대지와 산천을 수놓는 큼지막한 지질학적, 경관적 요소에 비하면 연못은 작고 소박한 존재임이 분명합니다. 그렇지만 우리가 누구입니까? 작은 고추가 맵다는 진리가 이상하리만치 와 닿는 그런 민족 아닙니까. 크기는 작아도 그 가치와 매력은 결코 작지 않으리라는 걸 이미 많이들 눈치챘을 것으로 예상합니다. 물론 그렇습니다. 그렇지 않고선 이걸 오늘 방송의 화제로 꺼내 들고 나오지도 않았겠죠. 하하. 여러분의 반응까지 미리 점지해 놓고 말하는 지경에 이른 걸 보니 제가 많이 외롭나 봅니다. 네, 외롭습니다. 친구가 없어서가 아니라, 제가 진정으로 소중하다고 생각하는 것에 동감해 주는 사람이 적어서, 그래서 외롭습니다. 그래도 이 방송 덕분에 많은 위로를 받았답니다. 아이고, 이러다가 오늘 방송이 청승맞은 넋두리가 되겠네요. 자, 정신을 가다듬고. 에헴.

물이 살짝 고인 땅인 연못의 매력을 제대로 이해하기 위해 지난 회에 소개한 생태학을 갖다 쓰겠습니다. 생명체가 주변 환경과 어떤 관계를 맺고 살아가는지를 연구하는 학문이 곧 생태학입니다. 이 정도면 완벽하진 않아도 간단한 정의로서 손색은 없어 보입니다. 생태학에서 받아들이고 있는 제일 중요한 원리 중 하나는, 서식지의 크기가 클수록 그 안에 많은 종이 산다는 것입니다. 당연하게 들리나요? 상식적으로 쉽게 납득되는 것이라도 체계적인 과정을 통해 그것을 과학적으로 증명하는 일은 다른 문제이죠. 아무튼 서식지가 넓어야 종 다양성이 높다는 사실은 자연을 효과적으로 보전하려면 최대한 넓은 곳을 보호해야 한다는 주장에 힘을 실어줬습니다. 크기가 더 작은 서식지에 비해서는 물론이고, 총 면적은 같은데 여러 조각으로 나뉜 서식지에 비해서도 상대적으로 더 중요하다는 뜻입니다. 적어도 종 다양성의 측면에서 말입니다. 그런데 숲이든 초원이든 밀림이든 웬만한 서식지에서 보편적으로 발견되는 이 서식지와 종 수 간의 관계가 흥미롭게도 습지에서는 뚜렷하게 나타나지 않는답니다. 그러니까 습지가 크다고 해서 꼭 거기에 사는 종이 그만큼 많지 않다는 것이죠.

'이게 다 무슨 소리인가?' 또는 '그래서 뭐 어쨌다는 건지?' 하는 분들을 위해 부연 설명을 조금 더 해 보죠. 서식지가 크면 클수록 거기에 사는 종도 많아지는 생태학의 기본 원리가 습지에서는 확연히 나타나지 않는다는 사실은, 영화 제목을 빌려 바꿔 말하면 "습지엔 뭔가 특별한 것이 있다."는 말이 되겠습니다. 이 말을 왜 그렇게 어렵게 하느냐고요? 사실 이 말을 애초부터 하려고 했던 것은 아닙니다. 사전에 정한 방향 없이 세상이 어떤 모습을 하고 있는지를 알아보는 것이 과학자의 일이거든요. 그런데 '알아봤더니 그렇더라.'는 것입니다.

바꿔 말하면, 습지 중에는 작더라도 종 수가 제법 되는 곳도 많다는 뜻이 되기도 합니다. 왜일까요? 왜 습지의 크기와 종 수는 강한 상관 관계를 보이지 않을까요? 한 가지 이유는 크기도 중요하지만 물의 지속성, 즉 물이 얼마만큼 존재하느냐가 더 큰 관건이라는 것입니다. 습지라고 해서 언제나 물이 찬 건 아니고, 잠긴 정도나 시간이 다 제각각입니다. 어쩌면 크기보다 이 물이 머무르는 기간이 더 결정적이라는 것이죠. 역시 습지는 물입니다. 또 다른 이유가 있습니다. 보통 서식지가 클수록 국지적으로 미세한 차이를 보이는 미소서식지(microhabitat)가 많이 생기고, 이런 곳에 특화된 생명체가 많아지기 때문에 결과적으로 종 수도 많아집니다. 그런데 습지처럼 변화무쌍하면 국지적으로 미세한 차이가 유지되기 힘들죠. 그래서 습지에는 좁은 범위의 미소서식지에 특화하는 대신 역동적인 상황에 대한 적응력이 좋은 동물이 많습니다. 적응력이 좋은 이들은 바로 그 능력 때문에 어느 한곳에 국한될 이유가 없이 여러 서식지를 섭렵할 것

입니다. 이 습지가 마르면 저 습지를 가면서 말이죠. 실제로 어떤 동물은 이런 작고 일시적인 습지를 좋아한답니다. 가령 제주도롱뇽처럼 말이죠. 난대 산림 연구소의 박찬열 박사에 따르면 제주도롱뇽은 임시 봄못의 얕은 물속 돌 틈과 낙엽 사이에 납작하게 엎드려 포식자를 피한다고 합니다. 얼마나 귀여운가요!

작은 웅덩이나 연못이 가져다주는 굉장한 이점이 방금 언급되었습니다. 바로 포식자로부터 안전할 수 있다는 점입니다. 여기서 말하는 포식자는 주로 물고기를 가리킵니다. 새처럼 움직임이 물에 묶이지 않은 동물은 해당 사항이 없지만, 물고기는 물이 언제나 있고 물로 연결된 곳이어야만 살 수 있겠죠. 홀로 고립된 연못이거나 물이 있다 없다 하는 일시적인 웅덩이라면 아예 그 안에 물고기가 한 마리도 없을 가능성이 있습니다. 물론 물고기가 있고 없고는 복불복입니다. 지지난 시간에 했던 이야기 기억하시나요? 세찬 비로 물이 불어나면 여기저기에 갇혀 있던 물고기들이 자기가 있던 곳으로부터 해방돼 막 다니다가 수위가 내려가면 강 본류로 돌아간다는 것 말입니다. 마음대로 다니다가 수위가 떨어지는 속도를 못 맞

춰 어딘가에 고립되는 녀석들이 늘 있습니다. 이 녀석이 우연히 종착하게 된 그 연못이 하필 내가 사는 곳이라면 아마 나는 곧 잡아먹히고 말 것입니다. 정해진 양의 물 안에서 같이 사는데 별수 있겠습니까? 재수가 지지리도 없는 나와는 달리 우연히 아무런 물고기 손님을 들이지 않은 이웃 연못은 한동안 태평성대를 누립니다. 적어도 물고기에게 잡아먹힐까 걱정하는 차원에서 말이죠. 물에 따른 물고기의 움직임 하나로 이렇게 팔자가 갈립니다.

캬하! 생의 묘미와 이치가 이 작은 웅덩이에서 그윽하게 표현되는 것만 같습니다. 물이 제일 중요하지만 물이 부족해지면 부족해지는 대로 오히려 안전을 누릴 수 있다는 사실! 다 가질 수 없는 게 삶이라 했던가요? 왜 제가 습지에 이렇게 꽂혀 있는지 이제 조금은 이해할 수 있을 것입니다. 그래서 습지 생태계를 잘 보전하기 위해서는 하나의 커다란 호수나 저수지에만 집중하지 말고, 크기나 물에 잠긴 기간 등이 다양한 습지를 모두 포괄하는 경관 개념으로 나아가야 한다고 학자들은 말합니다. 얼핏 보기에 작고 혼자 외딴 곳에 있는 습지라고 해서 별로 중요하지 않다고 치부하는 것, 안 된다는 이야기입니다. 국토 개발이라는 미명하에 이런 일이 하도 많이 벌어져서 바로 이 주제에 대한 연구가 이뤄지기도 했죠. 미국 메인 주와 사우스캐롤라이나 주 습지를 대상으로 한 두 연구는 모두 같은 결과를 도출했습니다. 이 지역에 있는 습지는 상당수가 작은데, 이처럼 작은 습지라 할지라도 없어질 경우 생태적 손실이 매우 크다는 것입니다. 또 작은 습지가 없어진다는 것은 습지 사이에 징검다리가 사라져 동물들이 왕래할 수 없음을 의미합니다. 그것도 모르고 가다가, 계속 가다가 결국 지쳐서 도중에 쓰러지겠죠.

왜 가느냐고요? 그냥 있던 연못에 엉덩이 붙이고 살 순 없냐고요? 한 곳에서 삶에 필요한 모든 것을 다 구할 수 없는 건 우리나 그들이나 마찬가지입니다. 게다가 연못에 이미 자리 잡은 동물은 그렇다 치고, 그 자식들은 어떻게 합니까? 머리 굵어지고 배우자 만나려면 어디선가 보금자리를 새로 터야 할 것 아닙니까. 부모님과 경쟁하면서 살 수는 없죠. 그래서 나아가야 하는 것입니다. 살고자 하면 번식해야 하고, 번식하고자 하면 떠나야 합니다.

앞의 연구에서 나온 작은 습지는 그 규모를 1,000~2,000제곱미터 정도로 설정한 것으로서 그전에 언급한 웅덩이보다는 큰 곳을 가리킵니다. 하지만 기본 논리는 똑같이 적용됩니다. 작아도 중요하다는 사실 말입니다. 동물에게는 물론 우리 인간에게도 무척이나 중요한 작고 독특한 습지가 있어 소개하고자 합니다. 들어 보셨는지요, '둠벙'이라고? 한번 직접

발음해 보세요. 이름에서부터 동그랗게 알찬 생명의 맛이 배어 나옵니다. 지역에 따라 '덤벙' 또는 '둠뱅'이라고도 한답니다. 참으로 유쾌한 존재입니다. 둠벙은 논 주변에 물을 저장해 놓는 작은 웅덩이 혹은 못입니다. 물이 자연스레 고이는 곳에 만들어지기도 하고, 빗물이나 하천수를 끌어오도록 판 소류지(沼溜地) 형태로 있기도 합니다. 둠벙은 혹독한 가뭄을 이기는 데 매우 효과적인 우리 조상들의 지혜였답니다. 동시에 논에서 사는 수많은 수서 생물들이 추수 후에도 살아갈 수 있는 피난처의 역할도 톡톡히 한 것이 바로 둠벙입니다. 물 빠진다 싶으면 스르륵 물 미끄럼을 타고 둠벙으로 첨벙!

한마디로 이런 식입니다. 실제로 충청남도 홍성군의 논에서 미꾸라지들이 둠벙으로 얼마나 가나 조사한 연구가 있습니다. 벼 뿌리를 튼튼하게 하고 균형 있는 양분을 흡수하기 위해 논의 물을 완전히 빼는 시기가

있는데 이를 중간 낙수라고 합니다. 이 기회를 포착한 연구진은 물이 빠지는 동안 미꾸라지들이 논 중간에 남는지, 수로로 빠지는지, 둠벙으로 피신하는지를 알아봤습니다. 연구 결과 낙수 초기에는 수로로 빠졌다가 논이 말라 가는 후기에는 둠벙으로 이동한다는 것을 알 수 있었습니다. 둠벙에서 채집한 미꾸라지 중 90퍼센트 이상이 장 속에 먹이가 있고 10퍼센트만이 공복이어서 대부분 정상적인 섭식 활동을 하는 것으로 나타났답니다. 여러 말 늘어놓는 것보다 한 편의 시로 표현함이 어떨까요? 한상순의 「할아버지의 둠벙」(『병원에 온 비둘기』, 푸른사상, 2014년)입니다.

뒷골 다랑논에 가면
할아버지의 할아버지 때부터
물 받아 농사짓던
둠벙 하나 있지요

장구애비, 소금쟁이
물자라, 참개구리
대대손손 살아 온 둠벙

"이 둠벙 하나로 느이 아부지랑
다섯 삼촌 다아 공부시킨 겨"
할아버지의 말씀입니다

못자리 다랑논 물을 댄 날이면

"고맙다, 참말로 고맙구먼" 하시며
둠벙 가 여기저기를 다독입니다

오늘도 할아버진
둠벙 가에 앉아
발을 닦고 삽을 씻습니다

네, 오늘 무대에 모신 주인공은 습지 중에서도 작고 소박한 연못이었습니다. 동시에 의젓하고, 얼핏 보기엔 그냥 물이 좀 고인 것처럼 보이는 연못도, 웅덩이도 실은 여러 동식물을 위한 훌륭한 서식지가 될 수 있습니다. 시인 윌리엄 블레이크(William Blake)는 "하나의 모래알 속에서 세계를 본다."고 했죠. 저는 하나의 웅덩이에서 우주를 봅니다. 여러분께도 웅덩이가 그런 존재가 되길 바라 봅니다. 오늘은 여기서 줄입니다. 안녕히 계십시오.

# 8장

사람에게는 왜 이렇게 물건이 많은가. 하나씩 챙기면서 투덜댔다. 옛날 사람들은 대체 어떻게 살았는지. 평소에도 소소한 소지품이 많아서, 집을 나섰다가도 되돌아오기 일쑤였다. 제일 중요한 지갑 따위를 두고서 어찌나 자주 씩씩하게 걸어 나오는지. 오늘처럼 뭐 좀 하려는 날에는 오만 장비가 한 무더기이다. 무슨 대단한 일을 한다고 이렇게 바리바리 싸들고 다니나 모르지만, 오늘은 모처럼 바쁜 날이었다. 아침부터 오후까지 할 일로 꽉 찬 하루가 나를 기다리고 있었다. 그동안 너무 놀았는지 아침부터 서두르는 것이 새삼스러웠다. 그 와중에 간식까지 챙겼네. 허허.

오늘처럼 창작하는 일을 위해서는 약간의 각오가 필요하다. 하다 보면 내가 하려는 그 일이 사뭇 엉뚱하게 혹은 사소하게 느껴지게 만드는 장치가 워낙 많기 때문이다. 주변을 둘러보라. 간판마다 병원에, 은행에, 부동산에, 회사 사무실에. 죄다 중요하고 심각한 일뿐이다. 이러한 '진지한' 직종에 종사하지 않는 자로서 건물의 틈새를 따라 걷다 보면 혼자 미성숙하게 탈선하기라도 한 듯 부리나케 빠져나가곤 한다. 그러다 보면 내 프로젝트에 대한 확신이 점점 작아지며 어느새 움츠러든 스스로를 발견한다. 전혀 그럴 상황이 아닌데도 말이다. 사람은 경험과 기분의 동물이라 자유롭게 상상하는 마음이 현실적인 타격을 덜 받도록 모종의 관리가 필요하다. 딱딱한 세상만사로부터 자신의 고유한 발상의 세계를 보호하겠다는 의지와 함께. 아침에 이 작은 각오를 다지는 일도 빼먹지 않았다. 나, 중요한 일 하는 사람이야. 암.

바로 촬영에 들어가기로 했다. 대본 준비가 다 된 다음에 일을 하려다가 도리어 아무것도 못 한 과거 경험에 비춰 이번에는 구상이 조금 덜 되었어도 진도를 나가기로 결정했다. 물론 의도한 바와 전혀 다른 영 이상한 작품이 나올 가능성을 감수해야 한다. 우선 인물 하나를 정했다. 주인공 없이는 아무래도 보는 이가 감정 이입되지 않고, 동물을 쓰자니 어려운 데다 메시지가 너무 직접적이다. 그렇다면 동물적인 사람? 무엇이 되었든 인물 중심의 이야기가 아니니 신분이나 성격 등을 구체적으로 정하지는 않았다. 대신 한 가지 대표적인 특징을 부여했다. 우리의 주인공은 고집스러운 사람이다. 어떤 고집이냐면 원래의 모습대로, 있는 그대로의 세상과 이치를 따라야 한다고 굳건하게 믿고 실천하는 성향이다. 그렇다. 요즘 세상의 기준에서 보면 완전한 '꼰대'이다.

말하자면 이렇다. A에서 B로 가려면 당연히 최단 직선거리로 가야지, 환승하기 편하다고 돌아가는 것은 그에게 있을 수 없는 일이다. 홀수층만 운행하는 승강기를 타고 목적지보다 한 층 더 올라갔다가 계단으로 내려오는 것도 물론 안 될 말이다. 그는 잔머리 굴리는 반직관적 우회로를 경멸하고 단순 직접적인 경로를 사랑한다. 여름은 덥고 겨울은 추워야 하기에, 부채질을 하고 한기를 덜 느낄 정도로 살짝 난방을 때면 모를까 마땅한 더위와 추위를 전면으로 부정하는 듯한 냉난방을 그는 거부한다. 밤의 어둠을 몰아내려는 듯 쨍하게 밝은 조명, 비 오는 날의 당연한 물기를

부정하는 우산 비닐 모두 그에게는 '나가리'이다. 주름살 제거 크림은 그의 미간을 찌푸리게 만든다. 나이와 세월의 이치에 역행하려는 어리석음 같으니라고! 그의 생활이 그리 수월치 않으리라고 쉬이 짐작할 수 있다.

아마 그의 사상을 한마디로 압축하자면 'A가 A다운 세상'쯤 되리라. 사실 아주 단순한 생각이다. 그런데 막상 세상 여기저기에 적용해 보면 놀랍게도 수많은 것이 이 단순한 원칙에 저촉된다는 사실을 발견할 수 있다. 바로 이런 점을 드러내 주는 주인공인 그가 실존한다고 가정하고 세상과 어떻게 좌충우돌하는지를 카메라에 담고자 했다. 주인공의 눈을 통해 세상을 보다 보면 어떤 연쇄 반응을 거쳐 목표로 하는 이야기에 도달할 수 있으리라는 생각이 기본적인 발상이었다. 조금 구체적이지는 않아 보이기는 하지만 이런 것이 바로 '프리스타일' 아니던가. 뭐 아니면 말고. 굳이 배우를 섭외할 것까지 있나 싶어 내가 직접 주인공을 연기하고, 동료이자 동생인 그가 촬영 및 보조를 해 주기로 했다.

죄송합니다. 차가 밀려서 약간 늦을 것 같네요. 도착해서 바로 연락할게요.

공교롭게도 첫 번째 장면으로 생각했던 것이 약속 장소에서 혼자 고독하게 기다리는 주인공의 모습이었다. 약속이란 자고로 사전에 정한 시간과 장소에 맞춰 나가면 될 일이지, 약속 시간에 임박한 때에 연락해 미세 조정하는 따위의 행동은 절대 하지 않는 주인공의 모습을 표현하기 위함이다. 암 그렇지. 자고로 이름을 걸고 하는 약속인데! 아마 요즘 사람들에게 이보다 더 이질적이고 시대착오적으로 느껴지는 특성은 없을 것이다. 만나자고 아무리 확실하게 계획을 세워도 정말 물리적으로 성사되는 순간까지 무엇이든 변할 수 있는 것이 요즘 세상이니까. 허나 우리 주인공은 이런 가변성을 용납하지 못한다. 그가 가장 참을 수 없는 것은 약속 당일 한두 시간 전쯤에 오는 확인 문자이다. 오늘 보는 것 맞느냐고. 그 어떤 만남도 막판에 뒤집어질 수 있다는 불안감, 확인에 재확인을 거쳐야지만 비로소 만남을 확신하는 문화를 그는 온몸으로 거부한다. 휴대폰은 약속을 정하는 데에만 쓸 뿐, 세부 조정하는 데에는 동원되지 않는다.

한산한 곳에서 가만히 서서 기다리기. 이 정도야 삼각대 갖고 혼자서도 쉽게 촬영한다. 녹화 버튼을 누르고 카메라 앞에서 자세를 잡고 나니 평범한 동네의 평범한 모습에 눈이 갔다. 평소 같으면 쳐다보지도 않았을 풍경에 이럴 때 한 번씩 눈길을 주게 된다. 가상의 친구가 나타나기를 기다리며 주변을 둘러보다 든 생각은 이것이었다. 이렇게 우리는 거짓에 둘러싸여 있구나. 저 붉은색 글씨의 '원조 갈비', 저곳이 진짜 원조가 아니라는 것은 사장님이 더 잘 아실 것이다. 그 옆에 붙은 커다란 포스터의 '가격 파괴', 정말 그 정도로 싸면 내가 장을 지지지. 그 앞을 쌩 지나가는 트럭 측면의 '초코파이는 정', 돈 벌려고 만든 상품에 웬 정. 반대편 가게 입구에 대문짝만 한 '고객님 사랑합니다!' 그래? 그럼 이따 따로 만나든가. 이런 세상에서 무언가를 만든다는 것은 대체 어떤 의미가 있을까 나는 자문했다. 거짓의 더미에 그저 한 가지를 더 얹는 것에 불과할까. 아니, 그것은 아니다. 적어도 거짓의 확장에 기여하는 것은 분명히 아니다. 그렇다면 무엇에 기여하는 거지? 더미를 청소하는 데 기여하나?

첫 촬영을 마치고 다음 촬영지, 학원이 꽉 들어찬 거리로 이동하기로 했다. 아이가 아이답게 뛰어 놀아야 하는데 죄다 학원에 처박혀 있는 형국에 혀를 끌끌 차는 장면이 필요했기 때문이다. 강남 어딘가로 임의의 점을 찍고 동생더러 그곳으로 합류하라고 하면 될 일이었다.

> 안녕하세요, 지난번에 물건 망가뜨린 아이 보호자입니다. 배상 관련해서 연락이 올 거라고 하셨는데 아직 아무 연락도 못 받아서요. 어떤 상황인지 알려 주시면 대단히 감사하겠습니다. 여러 가지로 폐를 끼쳐 죄송합니다.

어떤 상황이냐면 자유의 상황이지. 이렇게 대낮에 길거리를 한가롭게 활보하고 있을 자유. 초라한 일자리와 사고 방식으로부터 쏙 빠져나와 아무도 시키지 않은 내 일을 하고 있노라. 이렇게 답하고 싶다만. 일단은 그냥 안심만 시켜 두기로 했다. 전혀 걱정할 필요 없으니 그냥 잊어버리시라고. 단, 그 카페는 당분간 안 가는 방향으로 하시라고. 계산 착오로 거스름돈을 더 많이 받고 나온 가게마냥 가급적 피하는 쪽으로. 어차피 애초에 가격이 잘못 책정되었는데 뭐. 이분의 연락처는 나만 갖고 있으니 사장님은 발만 동동 구르고 있을 것이다. 치사하게 빡빡한 이런 세상을 물처럼, 어쩌다 난 틈새를 어떻게든 찾아서 비집고 빠져나가는 것이다. 오늘 우리의 주인공이라면 어떻게 반응했으려나? 아마 애초에 카페 따위에는 관심도

없는 성격이었을 것. 만남과 대화는 어디서든 하기로 마음만 먹으면 되는 것을 굳이 시커먼 정화수를 떠다 놓고 할 필요는 없지 않나? 음. 그런데 더 깊게 감정 이입할수록 나까지 점점 이상해지는 것 같네.

도착한 곳은 학원 간판이 줄줄이 늘어선 곳. 사실 어느 동네에서나 볼 수 있는 풍경이다. 다만 여기가 좀 더 하드코어일 뿐. 역시나 주위를 보니 학생들의 눈빛이 예사롭지 않다. 촬영지 하나 잘 골랐네. 방금 도착해 저쪽에서 손을 흔드는 동료와 합류한 다음 가장 대대적으로 보이는 학원 건물로 들어갔다. 여기서 건져야 할 것은 승강기 장면. 주인공이 아이들 한 무리에 둘러싸인 채 함께 승강기를 타고 올라가는 컷이다. 다만 일일이 촬영 협조를 받을 수는 없으니 그냥 찍는 것이 관건이다. 요령은 카메라에 부착한 삼각대 다리를 길게 뽑은 채로 높이 들고 타되 미리 녹화 버튼을 누르고 앞쪽 구석에 서는 것이다. 물론 사람 없을 때 구도도 미리 잡아 놓고 시큰둥한 표정으로 휴대폰을 쳐다보고 있으면 된다. 이렇게 몇 번 오르락내리락하면 원하는 장면을 건질 수 있다. 적어도 이론적으로는 말이다.

연기를 해야 하는데 노력할 필요도 없는 상황, 혹시 겪어 보았는지.

눈앞에 벌어지고 있는 현실이 워낙 강력해서 거기에 자연스럽게 반응하는 것만으로 충분한 경우가 있다. 이런 직접 경험만 충분하다면 필요할 때 하나씩 끄집어내서 마치 무에서 만들어 낸 것처럼 멋진 연기를 펼칠 수 있으리라. 승강기 안에서 찍은 몇 분이 예상치 않게 내게 그랬다. 1층에서 문이 좌우로 열리는 순간 약 열 명의 고개가 들렸다. 아무리 스마트폰에 머리를 깊숙이 처박고 사는 이라도 승강기 안으로 발을 들여놓기 전에는 돌다리를 한번 살피게 마련이다. 그 찰나에 스무 개의 눈동자가 앞을 향했다. 아무리 그래도 내가 사람인데, 일부러 나를 보려던 것은 아니더라도, 내가 투명 인간이라도 된 것처럼 모두 나를 투과해 승강기 벽면을 보는 것이었다. 그것을 어떻게 아느냐고 묻겠지만, 그토록 퀭한 시선 한 다발 앞에 놓여 보면 육감으로 깨닫는 것이 있다. 덕분에 승강기 장면은 수월하게 촬영되었다. 승강기로 우르르 밀려들어 온 그들은 곧장 스마트폰에 다시 머리를 담갔고, 그들보다 머리 하나만큼 키가 큰 내가 주위를 둘러보며 나도 모르게 혀를 끌끌 차는 장면이 고스란히 카메라에 담겼다.

> 연락도 없이 무단 결근. 그로 인한 심각한 영업 손해. 컬렉션 피해 상황 방기. 당시 상황에 대한 대처 소홀. 목록이 상당히 깁니다. 더 길어지기 전에 해결하는 게 이로울 겁니다.

다 끝난 줄로만 알았던 일이 다시 고개를 들 때 따라 일어나는 것들이 있다. 오늘과 어제를 서로 무관하게 한 분절적인 시간 관념이 갑자기 꿴 구슬처럼 연속성을 회복했다. 자다 깬 어리둥절한 기억 세포들은 보관하던 잡다한 내용물을 이리저리 뿜어 댔다. 마음은 불편해졌다.

안 그래도 사장님이 당장 연락해서 난리를 치지 않는 것이 통 이상했는데 역시나 며칠 묵혔던 것이다. 까맣게 잊고 있던 그 사건의 관련자들에게 연달아 문자가 올 것은 뭐람? 이런 작은 해프닝의 문제점은 간만에 의욕적으로 펼치던 창작 활동에 타격을 입힌다는 데에 있다. 과거의 경험을 재료로 하더라도 작품이란 본질적으로 앞을 향해 나아가는 움직임이다. 이때 가장 피해야 할 것은 뒤에서 발목 잡히는 느낌이다. 젠장.

일을 신성시하는 경향, 그것이 나는 참 이상했다. 얼마나 남다른 생각과 개성을 가졌든 일이라는 원대한 목표를 위해서는 전부 내려놓기를 요구하며, 일터에 '사사로움'을 들고 오면 자세가 안 되어 있다고 여긴다. 하지만 바로 그 남다른 생각과 개성에 따라 일을 고르는 것 아닌가? 일이란 자아 실현을 위한 것이라면서? 그리고 일이 맞지 않으면 홀연히 떠나야 하지 않나? 따라서 나로서는 중요한 이유로 떠난 그 일터가 내 프로페셔널리즘을 문제 삼는 것은 모순이다. 게다가 일이 다 무엇이기에? 세상을 돌아가게 만드는 것이란다. 내가 보기에는 조금 덜 돌아가도 나쁠 것 없다.

참, 이러고 있을 때가 아니었다. 어느덧 햇살이 길어지고 있었다. 빛이 다 달아나기 전에 마지막 촬영지인 공원으로 이동해야 했다. 가는 데마다 못마땅한 우리의 주인공이 마음의 위안을 얻으러 공원을 찾지만 나무 대신 즐비한 운동 기구를 보며 실망하는 컷이 필요했기 때문이다. 지하철이 한강을 건너기 위해 터널 밖으로 나왔다. 순식간에 객실은 황금색으로 담금질되었다. 물살을 타며 미끄러지듯 한강 위를 달리는 몇 초 동안 나는 마음에 뉘엿한 오후 햇볕을 쬐였다. 숨과 시야가 트이는 이 공간, 이것을 만들어 낸 물이 고맙구나. 저 큰 물이.

안녕하세요. 잘 지내시죠? 영상 작업이 어떻게 돼 가나 궁금해서 연락을 드립니다. 독촉은 아니니 부담 갖지 마시고요.^^ 혹시 도움을 드릴 건 없나 해서요. 그리고 저희의 사업 성과를 한데 모아서 사람들에게 발표하고 전시도 하는 행사를 마련하려고 합니다. 만들고 계신 영상도 함께 상영하면 좋을 것 같고요. 자세한 내용은 메일로 드리겠습니다. 그럼 또 뵙겠습니다.

오늘이 날은 날인가 보다. 몰리는 것이 인생이라더니. 썰물의 한산한 맛을 즐기려면 밀물의 차오르는 맛도 한 번씩 받아들여야겠지. 오늘 서로 무관한 여러 사람의 뇌리에 나라는 존재가 공통적으로 스쳤다는 사실이 흥미로웠다. 가라앉았던 무언가가 다시 떠오른 연유가.

넘쳐 나는 운동 기구로 손쉽게 촬영을 마친 공원의 한쪽 끝에는 강변으로 뻗은 길이 나 있었다. 열심히 일군 오늘의 성과에 자족하며 스스로에게 짧은 산책을 허락했다. 여전히 공간이 고팠다. 철교 위 지하철에서 잠시 본 것만으로는 성이 차지 않았다. 공원에서 멀어질수록 길 양옆의 풀이 제법 무성해졌다. 이제 어둠이 깔리고 있었다. 흐릿한 불빛의 가로등 아

래에서 나는 잠시 멈추었다. 빛이 어둠이 되는 그러데이션 중간에 개구리 한 마리가 있었다. 길 위의 개구리. 어디서 많이 본 테마였다. 그때 등 뒤에서 쉭쉭 하는 소리가 들려오며 스케이트보드를 탄 남자가 나타났다. 불안한 마음 반, 보호하려는 마음 반에 나는 좀 더 가깝게 쭈그려 앉았다. 쉭 지나간 그는 내가 무엇을 보는지 보았을까? 이 어둠 속에 삶과 죽음이 춤추고 있다는 것을 그는 알았을까? 그런데 소리가 멈추었다. 저 멀리 그는 걷고 있었다. 보드를 한 손에 쥔 채로. 나는 어둠 속을 한참 바라보았다.

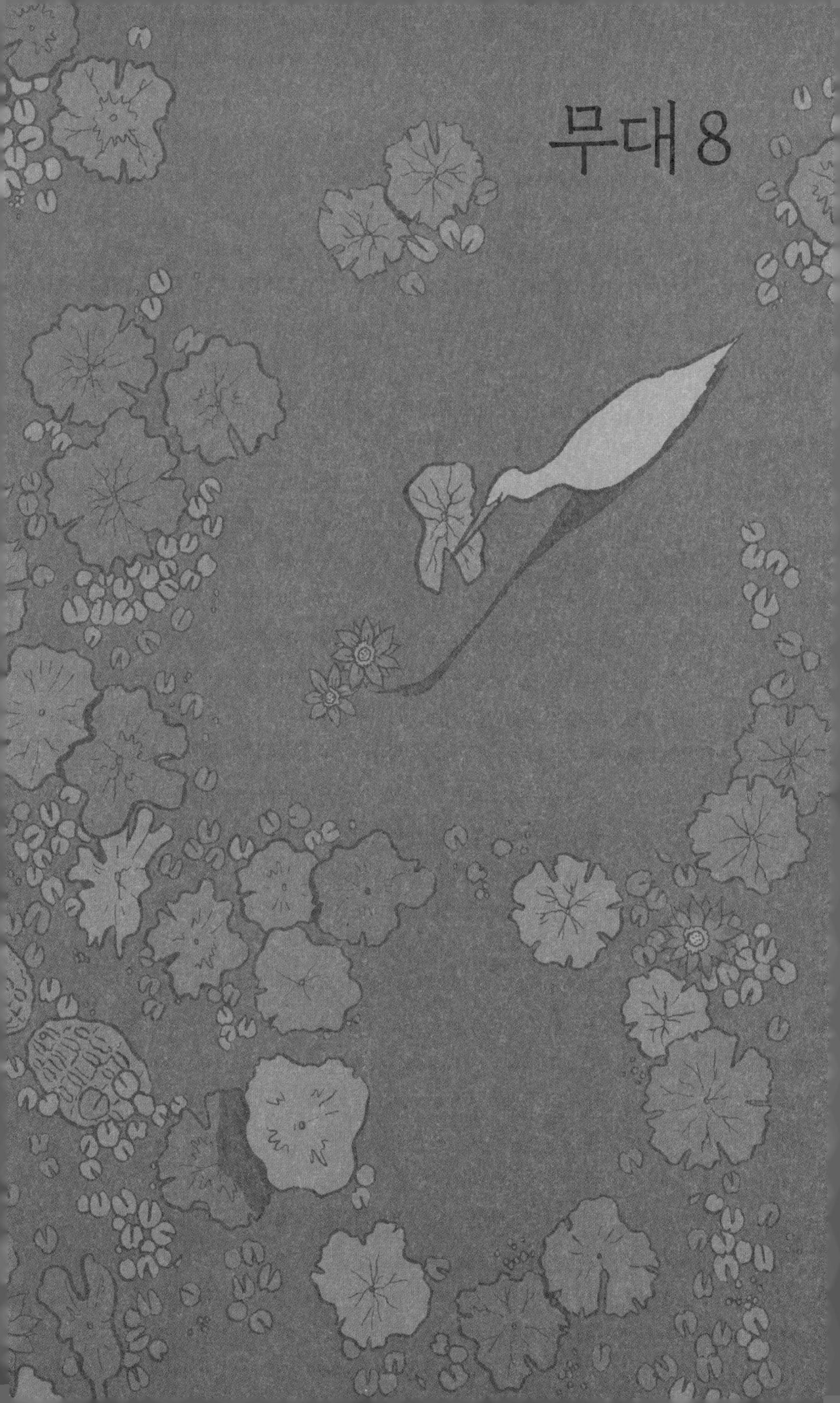

# 무대 8

안녕하세요, 김산하입니다. 「반쯤 잠긴 무대」 오늘도 인사드립니다. 사실 오늘은 제가 좀 정신이 없네요. 겨우 시간 맞춰서 허겁지겁 스튜디오로 들어왔답니다. 요즘 일이 하도 몰리는 시기를 겪고 있어서요. 왜, 그럴 때가 있잖습니까? 서로 무관하게 벌어지던 일들이 묘하게 하나의 시간대로 수렴하는 현상 말이죠. 좀 분산되기만 해도 살 만한데 집중돼 버리면 제 처리 능력을 초과해 그때부터 스트레스가 생깁니다. 아무튼 걱정 마십시오. 적어도 이 방송은 그 스트레스의 무게를 덜면 덜었지 결코 더하지는 않는답니다.

스트레스가 쌓이면 여러분은 어떻게 하십니까? 잊기 위해 술독에 빠지거나 엔터테인먼트를 찾는 분들이 많죠. 그런데 그렇게 해서는 문제를 잠시 외면할 순 있어도 정말로 해소할 수는 없을 것입니다. 눈을 다른 데로 돌렸다고 해서 차곡차곡 쌓인 스트레스가 없어지지는 않으니까요. 쌓이는 데 걸린 시간과 단계가 있었던 만큼 푸는 데도 그에 상응하는 과정이 따르는 법입니다. 어떤 문제가 발생할 때는 점진주의를 받아들이면서도, 문제를 해결할 때는 인스턴트식 해답을 찾는 모순이 우리에게 있지 않나 생각합니다.

이런 이야기를 꺼내 든 이유는 쌓임과 흩어짐이라는 키워드를 등장시키고 싶어서입니다. 네, 쌓임과 흩어짐 말입니다. 오늘의 주제이자 우리의 반쯤 잠긴 무대, 즉 습지의 핵심적 속성 중 하나랍니다. 혹시 오늘 따라 단도직입적이라는 느낌을 받았나요? 다른 때는 딴 이야기를 하고 슬슬 길을 돌아가면서 주제에 접근했다면 오늘은 시작하자마자 핵심어를 툭 내놓아 버렸네요. 이는 성급함의 발로는 아닙니다. 오히려 오늘의 시간을 긴 호흡의 차분한 템포로 가져가고자 하는 마음에서 완급 조절을 한 것으로 이해해 줬으면 합니다. 바로 그런 마음의 자세를 갖춰야만 오늘 말하고자 하는 주제의 맛과 멋을 제대로 음미할 수 있을 테니까요. 대체 무슨 소리를 하려고 이런 수작을 부리는지는 곧 알게 될 것입니다.

자, 오늘 하루 종일 시달렸던 바쁜 일상일랑 전부 잊어버리고 잠시 눈을 감아 주세요. 상상의 여행을 떠나는 것입니다. 여러분은 모래 알갱이 크기의 작은 배에 탑니다. 말이 배이지, 공 모양의 동그란 우주선 정도를 떠올리는 게 좋습니다. 그래야 이리저리 엎어지고 굴러도 괜찮을 테니까요. 겉은 구 형태의 강화 유리로 완전하게 감싸져 있어 안전하고 자유롭게 바깥을 구경할 수 있습니다. 충격을 흡수·완화할 온갖 장치가 돼 있으니 아무 걱정 마십시오. 대신 자신의 취향에 맞는 고급스러운 것들로 실내를 꾸며 보세요. 저 같으면 크림색 페인트를 칠한 실내에 푹신한 안락 의자 그리고 부드러운 보사노바가 흘러나오는 서라운드 오디오 시스템을 고를 것입니다. 상상인데 뭘 못 하겠습니까. 한마디로 일종의 극소형 캡슐 우주선 같은 것입니다. 출발지는 저 하늘 위 구름입니다. 준비되셨나요? 그럼 출발하겠습니다. 내리는 빗방울 하나에 쏙 들어가 지구를 향해 떨어질 것입니다. 자 그럼 하강, 시작!

놀이 공원에서 '팔팔열차' 같은 걸 즐기지 않는 저는 하강하는 동안 잠시 눈을 감았음을 고백합니다. 사실 그 부분이 특별히 중요한 것도 아니거든요. 에헴. 촉! 땅을 적시면서 물방울은 터집니다. 이제부터 본격적인 여행을 시작합니다. 땅의 모양에 따라 앞으로 굴러갑니다. 대지의 굴곡을 이 정도로 느껴 본 건 처음이죠? 내린 비가 이 굴곡에 닿으면서 이미 작은 물길들이 생겼습니다. 저 앞에서 물길들이 만나려고 하네요? 가 봅시다!

앞만 보지 마십시오! 사방을 보세요. 창밖에서 휘몰아치는 광경을 눈으로 들이켜세요. 저 약동하는 입자들! 저 터지는 방울들! 지구의 몸이 깎이고 날리고 흩뿌려지는 역동성을! 마이크로미터 수준으로 내려왔기에 보이는 생생한 장면들입니다. 돌과 흙과 나무 등, 지구의 모든 물질이 매일 매순간 자신의 일부를 떼어 내고 있습니다. 존재한다는 것은 흩어진다는 것입니다. 죽는 그날부터가 아니라 언제나. 그런 의미에서 모든 것은 모래성입니다.

그렇다면 그냥 그렇게 흩어지고 마는 것일까요? 아닙니다! 물이 이 모든 것을 모읍니다. 온갖 입자와 알갱이, 먼지와 잔해를 닥치는 대로 모아 태웁니다. 그리고 앞으로, 아래로 밉니다. 밀리는 쪽은 왜 밀리는지, 미는 쪽은 왜 미는지 아무도 묻지 않습니다. 그저 이 유유한 움직임에 동참할 따름입니다. 언제 어떻게 어디까지 동참하는지는 제각각입니다. 잠깐 흐름을 타다 멈추는 것이 있는가 하면 계속 타고 가는 것도 있습니다. 얼마간 머물다가 후속 열차를 타고 여행을 재개하는 것도 있죠. 그 속에 직접 들어가니 역시 다르죠? 무한한 수의 물속 부유물이 모두 제각기 다른 방향으로 마구마구 움직입니다. 정 그림이 안 그려진다면 물병에 미숫가루를 타서 흔든 다음 그 안으로 잠수해 들어갔다고 생각해 보십시오. 물론 색과 탁도는 상황에 따라 다르겠지만요. 어때요, 소용돌이의 한가운데에

있는 느낌이!

에헴. 혼자서 흥분을 했네요. 그런데…… 별로 감이 안 오나요? 뭐 대단할 게 있다고 호들갑인지 모르겠다고요? 아마 진짜로 물속 여행을 했다면 설명도 필요 없었을 것입니다. 하지만 중요한 건 짜릿한 경험을 하는 일보다 그 현상의 의미와 묘미를 포착하는 일입니다. 가령 잡다한 물질이 물에 쓸려 내려오는, 언급할 가치조차 없어 보이는 평범한 현상이 실은 이 지구를 아름답게 만드는 데 크게 일조한다는 것을 말입니다. 아니, 정말입니다. 결코 과장이 아닙니다. 그래서 물이 맑다고만 좋은 것이 아닙니다. 그저 정수기 필터로 걸러야 할 대상쯤으로 보이던 그 '이물질'도 자연계 안에서는 다 저마다의 가치가 있답니다. 그것들이 결국 저 아래에서 퍼지고 쌓이고 곳곳에 분포함으로써 이름도 아름다운 습지라는 서식지가 빚어지기 때문입니다. 여기서 '빚어지다.'라는 단어가 일부러 골라 사용되었음을 유념해 주십시오. 단순한 수사가 아닙니다. 아니 오히려 빚어진다 해야 정확한 표현일지도 모릅니다.

'빚어지다.'를 국어 사전에서는 "흙 따위의 재료가 이겨져서, 버무려져서, 반죽이 되어 만들어지다."라고 풀이합니다. 말만 들어도 재료의 물성이 물컹하게 느껴집니다. 바로 이것입니다. 지구의 가루를 알알이 모아이기고 버무리고 반죽해서 여기저기 늘어놓아 생기는 게 바로 습지라면, 습지가 빚어졌다고 하지 않을 수 없겠죠. 이 작품의 장인은 누구인가요? 보이지 않는 손의 주인공은 물론 물입니다. 하지만 물의 단독 작품은 아닙니다. 물에 제멋대로 타고 내린 그 모든 입자, 먼지, 찌꺼기, 부유물이 함께 만들어 낸 것입니다. 만들어 냄과 동시에 만들어지는 데 사용되기도 했죠. 장인과 재료가 각기 따로 있는 것이 아닙니다. 그러니 그 결과 만들어진 작품 또한 별도로 의도된 형태나 모습이 있을 수 없습니다. 조각가는 돌을 깎기 전에 그 안의 상을 본다고 하지만, 저에겐 아무런 구상 없이 탄생한 자연의 작품이 훨씬 더 위대하게 느껴집니다. 물의 흐름, 그리고 침전물. 이 단 두 가지가 지구 위에서 놀도록 오랜 시간 놔두기만 하면 새롭고 촉촉한 땅이 여기저기에 생겨납니다. 고운 알갱이로 다져져 부드럽게 펼쳐진 지형이 물길 주변으로 자리를 잡습니다. 대지의 굴곡 곳곳을 매만지며 흐른 물이 조용한 물질 분산의 과업을 묵묵히 행한 결과입니다.

어 흙탕물이네? 흙탕물이 흐르는 걸 본다면 그 덕분에 어딘가에 습지가 만들어진다는 사실을 상기하십시오. 실은 어쩌면 강에 대한 정의 자

체를 바꿔야 하는지도 모릅니다. 정도의 차이만 있을 뿐, 모든 강이 다 '흙의 탕인 물'이거든요. 물에 흙(실은 온갖 잡다한 물질들이지만 그냥 편의상 '흙'이라 부릅니다.)이 섞인 상태는 간혹가다 있는 일이 아니라 기본적인 상태입니다. 흙이 잔뜩 섞인 물, 이것은 두 가지 물질이 잠시 섞였다가 곧 분리될 상태가 아닌 엄연한 하나의 실체입니다. 만약 이를 지칭하는 '흠' 또는 '흛' 같은 단어가 원래 있었다면 모두들 아무렇지도 않게 받아들였겠죠. 만들고 보니 입에 아주 착착 붙는 단어들은 아니긴 하지만요.

흙의 양도 어마어마합니다. 한강의 연간 유사량(流砂量, sediment discharge), 즉 강이 1년간 실어 나르는 흙의 양은 약 1000만~1200만 톤에 이릅니다. '흙'의 성분을 보면 90퍼센트가 점토와 실트 그리고 10퍼센트가 모래라고 합니다. 꽤 많은 것 같지만 그래 봤자 세계 주요 강에 비하면 아무것도 아니랍니다. 1위는 단연 갠지스 강으로 무려 16억 7000만 톤의 흙을 방출한답니다. 황허와 아마존 강도 10억 톤 정도이죠. 지구의 강 전체가 한 해 동안 나르는 흙의 양은 160억 톤에 육박하고요. 저도 숫자에 별로 강하지 않아 이쯤 하겠습니다. 요는 이처럼 물과 흙이 같이 섞여 다니는 것이 지극히 자연스러운 현상이라는 점입니다. 습지가 다른 육상 서식지와 구별되는 큰 특징 중 하나이기도 하죠. 육지에서도 산사태가 일어나서 갑자기 흙이 몰려와 덮치기도 하지만 그리 흔한 일은 아닙니다. 그러나 습지는 툭하면 잠깁니다. 물과 흙에. 끊임없이 변화하는 세계, 아니 변화를 일으키는 힘들이 작용해야만 비로소 생성되는 세계. 그것이 습지입니다. 딱 마음에 드는 영어 표현이 있습니다. "Wetlands, the world in flux." 이 'flux'가 참 잘 번역되지 않더군요. 그냥 'change'와는 또 다른 느낌이거든요.

여기서 잠깐, 딴 이야기 좀 하겠습니다. 삼천포에 들르려고요. 그나저나 주변에 실제로 의도치 않게 삼천포로 빠져 본 사람이 있나요? 제 동생이 그랬습니다. 먼 섬에 가서 뭘 조사할 일이 있었는데 돌아오는 배편을 잘못 탄 탓인지 정말로 삼천포에 내리게 됐답니다. 자기도 어리벙벙했다 하네요. 어떤 일이 말 그대로 일어나기만 해도 신선하고 때로는 놀랍습니다. 의도치 않은 흐름을 좋아하는 저로서는 더욱 마음에 드는 이야기입니다. 정작 삼천포시는 이 속담이 자신들에게 부정적인 이미지를 덧씌웠다며 1995년 사천시와 통합할 때 개명했다는군요. 안타까운 일이 아닐 수 없습니다. 얼마나 좋은 이야깃거리입니까? 가려던 것도 아닌데 가게 되는 미스터리 마을로 오히려 거듭나면 될 텐데 말이죠.

변화의 존재로서 습지를 묘사했지만, 변화를 무조건 숭상하지는 않는다는 말을 하려다 옆길로 샜군요. 한국의 슬로건 중 하나가 '다이내믹 코리아'인 데에서 알 수 있듯이 언제부터인가 우리는 변화 자체에 가장 높은 가치를 두는 나라가 된 것 같습니다. 요즘 뜨는 것과 한물 간 것이 너무 많고 속도가 빨라 따라갈 수가 없으며 길거리 상점, 아니 심지어는 건물조차 자고 일어나면 바뀌어 있죠. 스마트폰 같은 건 아예 말할 필요도 없고요. 이왕 이렇게 할 거 사람도 왜 확확 안 갈아 치우나 몰라요. 이미 그런다고요? 이런 변화는 하면 할수록 정체성을 잃어 가는 종류의 변화입니다. 그 과정에서 엄청난 양의 자원과 에너지를 쓰고 희생이 따르죠. 바꿀수록 소모적이며, 그 변화의 동인도 누군가의 경제적 이득뿐입니다. 습지의 정체성과 절대로 혼동해서는 안 됩니다. 습지는 물과 흙의 움직임 속에서 생겨나는 것이지만 그 역동성으로 인해 결코 자신의 정체성을 잃지 않습니다. 습지는 역동적으로 일관됩니다.

저도 예전엔 침전물 따위에 관심을 두지 않았습니다. 맑은 물에 대한 우리의 집착은 조금이라도 탁한 것을 부정적으로 보게 만들죠. 그런데 물을 탁하게 만드는 그것들이 쫙 모여 아름답기 그지없는 저 삼각주 같은 게 만들어지다니! 이걸 깨닫고 나서 침전물을 보는 시각이 달라졌습니다. 여러분에게도 같은 경험을 선사하고 싶은 제 마음이 아마 느껴질 겁니다.

다시 우리의 상상 여행으로 돌아가 봅시다. 물속의 우주를 실컷 유영하던 중 어느덧 속력이 느려졌습니다. 경사가 좀 완만한 곳에 도달한 모양입니다. 유속이 느려지면서 침전물도 여기저기에서 정체돼 쌓입니다. 퇴적물이 되는 것이죠. 전보다 걸쭉해진 매질을 통과하려다 보니 우리의 작은 우주선도 어느새 거북이걸음입니다. 그러다 완전히 멈춰 섰습니다. 사방이 깜깜합니다. 흙에 파묻혀 버렸네요! 이런, 낭패이군요. 하지만 걱정 마십시오. 우측 하단에 빨간 단추 보이시죠? 힘껏 누르면…… 부르릉…… 피융! 로켓 추진력으로 진흙을 뚫고 날아올랐습니다. 비상 탈출 장치랍니다. 이 우주선, 갖출 것은 다 갖췄다고 했죠?

눈앞에 찬란한 삼각주가 펼쳐져 있습니다. 이 멋진 광경을 하마터면 못 볼 뻔했죠. 퇴적물에 파묻히는 바람에 말이죠. 그렇습니다. 물이 실어 나른 흙에 실제로 많은 동식물이 파묻혀 명을 달리하기도 합니다. 아니 물과 흙의 움직임이 아름답다는 둥 하더니, 별로 좋은 것도 아니네요? 그렇게 선불리 판단하면 안 됩니다. 물에 떠내려 오는 침전물의 양이 너무 많으면 생명체가 매장될 수도 있습니다. 그러나 그 과정을 통해서 바로 그 종이 살 수 있는 터전이 새롭게 만들어지는 것입니다. 당장의 죽음에만 초점을 맞춘다면 그 이면에서 벌어지고 있는 더 장구한 생명 생성의 과정을 놓치기 쉽습니다. 특히 기후 변화로 해수면이 상승하는 요즘, 물과 흙의 이 조용한 움직임 덕에 여전히 습지가 있을 수 있습니다.

뭐든지 무조건 다 좋은 건 없습니다. 지나치게 많은 양의 흙이 하류

의 생태계를 완전히 덮어 버리는 것도 문제입니다. 자연적으로는 폭우가 쏟아질 때 침전물의 양이 급증하죠. 하지만 이건 어쩌다 한 번씩 일어나는 자연 섭리입니다. 원래 자연적 퇴적 속도는 1년에 겨우 몇 밀리미터 수준이랍니다. 더 심각한 상황은 오히려 인간이 초래한 것들이죠. 삼림 벌채가 늘어날수록, 물 주변에 경작지가 늘어날수록 물에 유입되는 침전물의 양은 크게 늘어납니다. 반대로 인간 때문에 침전물의 양이 너무 적어지는 문제도 있습니다. 뭔지 예상되시죠? 네, 바로 댐입니다. 댐으로 강물을 틀어막으면 백이면 백 하류와 해안의 습지가 사라지기 시작합니다. 실제로 여러 댐이 들어선 중국 황허 삼각주의 경계는 매년 20~30미터씩 안쪽으로 이동하고 있고 지반은 지난 50년 동안 매년 5~10센티미터씩 가라앉고 있습니다. 신선한 충적토를 실은 물의 공급 없이는 삼각주 등 해안 습지가 있을 수 없습니다.

이제 여행은 끝났습니다. 우주선에서 나와 공기를 들이마십니다. 저 햇살 아래 반짝이는 흙과 잔잔한 물을 바라봅니다. 여기가 아닌 어딘가에서 출발해 물의 인도를 따라 천천히, 조용히 여기에 모인 흙. 그 긴 여정과 이름 모를 역사가 저 찬란한 매끄러움으로 표현되고 있습니다. 습지가 알려 준 또 한 가지가 있습니다. 그것은 습지의 '지', 즉 땅이 원래 이토록 자유롭고 발랄하게 움직이는 무엇이라는 깨달음입니다. 한없이 점잖고 정적인 줄만 알았던 대지가 물을 만나 미처 몰랐던 자유분방한 모습으로 덩실덩실 춤을 추며 여기까지 도달했습니다. 부드러움 속에 반쯤 파묻힌 우리의 발끝에. 이 여행 여러분과 함께하고 싶었습니다. 여러분은 어땠는지 모르겠습니다. 그럼 여기서 이만 줄입니다. 감사합니다.

# 9장

비의 반가운 두드림이 희미하게 들려온다. 아 오는구나. 항상 처음에는 긴가민가하다. 누가 밖에서 무엇을 뿌리는 것인지. 바람인지. 무엇인지 알고 나면 더 분명해진다. 분명해지지만 또렷해지지는 않는다. 셀 수 없는 수의 물방울이 거의 동시에, 하지만 미세한 차로 떨어지며 만들어지는 소리는 세련되게 불분명하다. 마치 먼 곳에서 인 함성처럼 흐릿하게 밀려온다. 한 방울당 한 음, 다소 단조로운 연주에 변화를 불어넣는 것은 바람이다. 오케스트라 단원들을 여기저기로 밀고 뿌리고 내던지며 변주를 강권한다. 바람의 개입으로 소리의 규칙성은 흐트러진다. 그 어떤 사고력으로도 헤아릴 수 없는 다양한 두드림이 펼쳐진다. 아, 비구나.

팔자 좋게 비를 감상할 수 있는 것은 오늘따라 몸이 아파서이다. 1년에 한 번씩은 꼭 치르는 공식 드러눕는 날이 찾아온 것이다. 평소 나의 건강함은 이 연례 행사를 잘 치르는 덕에 가능하다는 것이 우리 어머니의 신조이다. 면역계가 풀가동하며 밀린 업데이트를 하는 기회라는 것이다. 최신 바이러스까지 쭉 포함해서 말이다. 그래서인지 일찍이 그 생각으로 앓다 보니 이제는 병환이 찾아오는 날이 반갑기까지 하다. 말하자면 아픈 날이 도리어 건강한 날을 의미하게 된 셈이다. 생각의 힘이라는 것이 참 대단하다. 특히 생각이 마음을 준비시키고 설득하는 힘이 더욱 그렇다. 심하지만 않으면 한 번씩 아픈 것도 나쁘지 않다.

심하지만 않으면. 그래. 일은 못 할 정도로, 하지만 완전히 몸을 가누지 못할 정도는 아니게 아픈 것이 좋다. 상태가 애매하면 아예 뻗기도 그래서 무거운 몸을 이끌고 괜히 무엇을 하다가 오히려 더 힘들어지기 십상이다. 중병에 걸리는 것이야 말할 필요도 없이 안 좋고. 딱 그사이에 해당하는 증세여야 가벼운 병환이 가져다주는 모종의 '휴가'를 누릴 수 있다.

신호는 어느 날 갑자기 찾아온다. 한낮에 먹구름이 몰려들며 순간 어둠이 드리워지듯 올 것이 오고 있음을 알린다. 아, 오늘은 몸의 논리에 지배되는 날이구나. 체내에서 나른한 징조가 스멀스멀 피어오른다. 근육은 이완되다 못해 탄력을 잃어버리고, 소화 기관은 임시 휴업에 들어간다. 몸살기가 입소문처럼 몸 구석구석 차례대로 퍼져 나간다. 꽉 찬 듯 띵한 머리는 자석같이 바닥에 달라붙어 들어 올릴 수가 없다. 올 것이 온 것이다.

가만히 기다린다. 회복의 화학 작용을. 그것들의 분자적 전개 방식과 속도를. 혈관의 흐름을 생각한다. 나쁜 것과 함께 좋은 것도 이 혈류가 실어 나르리라. 병세로 인해 눈도 잠시 휴식을 취한다. 화면을, 글을 뚫어지게 노려보던 일은 이제 그만. 대신 방 천장의 꼭짓점 네 개를, 충직한 가구들을 눈으로 훑는다. 밤이 아닌데도 눈꺼풀 커튼을 치는 호사를 만끽한다. 그래 눈을 감자. 그리고 평소에 안 보던 곳을 보자. 머릿속을, 마음속을. 가령 학창 시절 아침 조회 직전에 있었던 명상의 시간을 떠올린다. 요한 제바스티안 바흐(Johann Sebastian Bach)의 「G선상의 아리아」를 배경으로 오래된 스피커에서 흘러나오던 뻔하고 구태의연한 문장들. 모두 콧방귀도 안 뀌는 내용이었고 아무도 명상 따위에 신경쓰지 않았다. 그러나

나는 남몰래 이 시간을 즐겼다. 아직은 하루가 신선할 무렵 겉으로나마 모든 것이 경건한 이 5분여가 내게는 소중했다. 혈기왕성한 떠꺼머리들의 눈을 억지로 감긴 이 몇 분은 수업 시간의 지리멸렬함과 점심 시간의 아수라장이 삶의 전부가 아님을 보여 주는 시간이었다. 그래서 그때 나는 티 내지 않으면서 기꺼이 눈을 감았다. 꼭 지금처럼. 비가 점점 더 세차게 내려온다. 어차피 외출하기에 안 좋은 날이다. 오늘은 아프기에 좋은 날이다.

유리창의 빗물 구경. 옛날부터 나는 이것 하나면 충분했다. 젖지 않으면서 적셔지는 광경을 눈으로 즐길 수 있는 것은 순전히 유리 덕분이다. 그 투명함 덕에 유리에 붙은 물의 단면을 관찰하는 기회를, 그 매끈함 덕에 물의 흘러내림을 감상하는 행운을 누린다. 어딘가에 맺힌 물은 결국 아래로 굴러 떨어지지만 그 타이밍이나 경로는 매번 남다르다. 왜 어떤 방울은 저토록 고집스럽게 매달려 있는 반면 어떤 방울은 기름칠이라도 한 듯 닿자마자 미끄러질까? 때로는 수직으로 낙하하는가 하면 때로는 보이지 않는 장애물을 둘러 흐른다. 우연히 물이 모이면 나름 커다란 섬이 만들어지기도 한다. 하지만 이 지도는 시시각각으로 변한다. 섬이 커져서 대륙이 될 때쯤 되면 제 무게를 못 이겨 붕괴되기도 하고, 주르륵 미끄러져 내린 물 폭탄에 맞아 한 방에 해체되기도 한다.

이 촉촉한 상영관에 정신이 팔려 있다가도 한순간 미안한 마음이 들곤 한다. 아늑하고 건조한 실내에 앉은 채로 유리창 바깥이 하염없이 젖고 있음을 즐기는 것에 어째 마음이 켕긴다. 물의 가장 근본적인 속성인 축축함을 제외해 버리고 물을 경험한다는 것이 일종의 반칙처럼 느껴지는 것이다. 그래서 유리의 물방울에 맞춰진 초점은 어느 순간부터 그 너머의 세계로 이동하기 시작한다. 온몸으로 물을 받아 내고 있는 야외의 물체와 생명체에게로 말이다. 탁탁 튀기는 소리를 내며 살짝 일어났다 앉는 흙, 고된 노동의 땀처럼 물을 가지 끝에서 떨구는 덤불, 여기저기 물이 고이면서 이제껏 숨겨 놓은 굴곡을 드러내는 시멘트 바닥. 덩치만 크지 비를 피해 후다닥 피신하는 인간에 비해 이들의 묵묵한 당당함은 나에게 숭고하게 다가온다. 그리고 언젠가는 나도 저기에 동참해야지 하고 마음을 먹는다. 그것이 무슨 소리인지도 전혀 모르는 채로 말이다.

"얘야, 잠깐 일어나 이거 좀 마셔라. 그래야 빨리 낫지."

방문이 열리며 들리는 저 반가운 소리. 독립해 사는 것이 당연하고 좋지만 저것만은 떨쳐 버릴 수가, 아니 떨쳐 버리기가 싫구나. 어머니의 품속에서 아픈 그 안온함을. 머리카락이 헝클어진 채로 몸을 일으켜 차 한 잔 건네받고 함께 앉는 그 시간들. 찻잔의 김이 모락모락 피어오르던 어두컴컴한 방안. 회복에 대한 완전한 신뢰와 사랑. 아마 그런 장면들 덕에 나의 아픈 날은 전혀 아프지 않고 건강했던 시간으로 기억나나 보다. 이를 졸업한 사람이 되어야 비로소 성인이라 할 수 있노라고 하면 나는 영원히 철부지로 남아도 좋으리. 아, 그 아프고도 행복했던 날들.

캄캄하다. 아무 소리도 들리지 않는다. 그래서인지 무한히 편안하다. 마치 몸이 없는 것처럼. 대신에 느낌만이 있다. 내가 어떤 시공간에 있다는 가장 단순하고 기본적인 느낌만. 더 이상 방 안이 아니다. 나는 밑으로, 밑으로 떨어지고 있다. 머리카락이 사방으로 제멋대로 뻗쳐 있다. 머리가 아무리 떡이 되어도 유분수지 어떻게 이럴 수가 있지? 물속인가? 아, 그러고 보니 꿈이구나. 그렇지 않고서 이렇게 끝없이 하강할 수는 없다. 게다가 이렇게 천천히. 느릿하게 가라앉는 작은 조약돌처럼 물속을 미끄러지면서 점점 내려가고 있다. 손으로 주변을 휘저어 본다. 물은 물이다. 평소보다 조금은 덜 무거운 물. 입으로 공기 방울을 좀 만들어 볼까? 보글보글. 하하 그것도 되네. 물속인데 숨은 잘 쉬어진다. 수중 생물이 된다는 것은 바로 이런 기분일 거야. 이 꿈, 깨어나서도 꼭 기억나야 할 텐데.

머릿속에 각인된 기억은 언제나 의외의 것들이다. 오래도록 꼭 간직했으면 하는 순간들은 거의 예외 없이 당시의 기분이나 장면이 흐릿하기만 하다. 기억하고 싶은 일이 벌어질 당시, 경험에 집중하기보다 오히려 그것을 기억하고 싶다는 마음이 너무 앞서서일까? 좋은 것을 좋다고 의식하는 순간 마법에서 깨어나고 마는 경향이 있다. 이것이 바로 스스로를 관찰자의 시점으로 보는 버릇의 폐해이다. 삶은 그 안에 들어가서 살거나 밖으로 나와서 바라보거나 둘 중 한 가지만을 허락한다. 무언가를 온전히 경험하면서 그에 대한 기억까지 관장하려고 들면 아무래도 그 경험치는 감쇠될 수밖에 없다. '셀카'와 SNS가 일상인 이 시대에 무슨 고리타분한 소리냐고 할지 모르지만 적어도 내가 겪어 본 바로는 그렇다. 순간을 포착하려 들면 여지없이 삶에의 집중력, 경험의 충만함이 경감된다. 콕 집어 기억하려고 하면 오히려 사그라든다.

그래서 정작 뇌세포에 확고한 자리를 차지한 기억들은 전혀 예상 밖의 것들이다. 한창 어린 시절 태권도 도장 난로에 잘못 놓인 양말 천이 타던 냄새, 전학 간 학교에서의 첫날 하굣길에 어머니와 빵집에서 만나 먹은 카스텔라의 잊을 수 없는 달콤하고 안온한 맛, 아픈 이별의 자리에서 그녀가 남긴 음식이 접시에 만들어 놓았던 형상 등. 당시에는 이토록 먼 훗날에도 회상될 것이라고는 상상조차 하지 못한 것들이다. 그리고 하나같이 온전히 현재의 삶에 충실한 시간들이다. 마치 꿈속처럼, 정신 사나운 방해 요소 하나 없이 고요한 인지와 감각에 몸을 맡기던 때. 삶에 폭 파묻혔기에 오롯이 새겨진 마음속 기록들이다. 어쩌면 이렇게 예기치 않았던 기억과 상념의 집합체가 우리를 구성하는 주요한 성분이 아닐까? 나이가 들수록, 아는 것이 많아질수록 점점 적어지는 이 삶의 재료. 그래서 그냥 뛰어들어야 한다. 깊고 뿌연 저 심연으로. 어디로 갈지, 무엇을 만날지 전혀 모르지만 전혀 걱정하지 말고 말이다.

무언가 움직인다. 갑작스러운 동작에 부유물이 회오리처럼 인다. 탁해진 물은 시야를 가리는 대신 근방 어딘가에 무언가가 살아 움직인다는 사실을 물살로 전달해 준다. 아, 혼자가 아니구나. 참 이상한 일이다. 그냥 공기 중에서라면 어디서 인기척이 느껴져도 불안한 느낌이 들지 않는다. 저쪽에 누가 있더라도 거리가 아주 가깝지 않은 이상 나와는 상관없게 인식된다. 하지만 물속은 다르다. 액체 속으로 들어간다는 것은 같은 물속에 잠수해 있는 다른 생명체와 무언가 더 가까워짐을 의미한다. 따로 떨어져 있어도 마치 이미 접촉하고 있는 듯. 공기 중으로도 페로몬을 교환하고 화학 물질을 주고받을 수 있지만 내게 도달하기 전에 분산되기 쉽다. 물에서는 모든 것이 내가 몸을 담그기만을 기다리는 것만 같다. 섞이려고, 스며들려고, 휘어 감으려고. 각각의 생명체는 그저 물이라는 용매에 추가되는 하나의 용질일 뿐. 우리는 같은 용액의 운명 공동체이다.

물살이 주기적으로, 리드미컬하게 일렁이며 피부에 도달한다. 팔다리에 난 잔털마저 물의 흐름에 맞춰 흔들린다. 어느새 나는 부드러운 물이끼로 뒤덮인 골짜기에 착지해 있다. 조금 따뜻해진 수온이 발바닥을 아늑하게 맞이한다. 발가락 사이로 고운 입자가 모래시계처럼 빠지며 흘러내린다. 고개를 드는 순간 시야가 걷힌다. 어두운 꼬리 하나가 펄럭거리고 있다. 가로가 아니라 세로로 납작한 꼬리가. 위아래는 거의 투명한 지느러미처럼 얇고, 중간에만 짙은 색의 꼬리 조직이 보인다. 올챙이이다. 내가 지금껏 보았던 것 중 가장 큰 올챙이. 저 꼬리의 움직임이 일으키는 물살을 아까부터 나는 느끼고 있었던 것이다. 겁도 없이 나는 다가간다. 꼬리가 정강이를 스친다. 부드럽고 놀라는 기색도 없다. 조금 더 앞으로, 몸체를 향해 발을 딛는다. 시커먼, 물컹한 질량이 양손에 닿는다. 빛이 걷히고 사방이 컴컴해진다.

후두두둑. 여전히 비가 내리고 있다. 나는 수련 잎에 팔꿈치를 올린 채 수면 위로 올라와 있다. 유난히 가깝게 들리는 빗소리는 내 머리를 뒤덮은 또 다른 수련 잎을 때리는 물방울들이다. 언제 올라왔던가. 아무런 기억이 없다. 거대한 올챙이가 나를 여기까지 운반해 주었나? 마치 세상의 비밀 속으로 한 발 들어서자마자 망각의 물줄기에 휩쓸려 밖으로 뿜어진 기분이다. 물속 깊은 곳이 선사하던 그 불가사의한 고요, 촉감의 언어를 온몸으로 감지했던 그 뿌연 우주의 충적이 갑자기 몸서리칠 만큼 그립다. 나는 나가고 싶지 않다. 마르고 건조한 중력이 끌어당기는 저 땅으로 이 육신을 끌고 나가고 싶지 않다. 생명의 본질답게 나는 안팎으로 촉촉하고 싶다. 입으로, 피부로, 마음으로 호흡하며 거대한 물질의 순환에 소리 없이 접속하고 모든 수문을 열어 기꺼이 가담하고 싶다. 눈 질끈 감고 숨 한 번 크게 들이 쉬고 나는 다시 들어간다. 올챙이야, 내가 간다.

부르릉, 짹짹. 먹구름은 온데간데없고 하늘은 높고 화창했다. 깨 버렸네. 왠지 그럴 것 같더니 벌써 아침이었다. 간밤에 비바람이 몰아칠 동안 깊게 잔 덕분인지 몸은 씻은 듯이 나았다. 하지만 영화가 끝난 후 불이 켜진 극장에 남은 사람처럼 나는 미련을 버리지 못하고 여전히 누워 있었다. 다시는 돌아갈 수 없다는 것을 머리로는 알지만

마음으로 작별하려면 시간이 더 걸리는 법이다. 사실 이렇게 꿈의 끝자락을 부여잡고 있는 일은 나로서는 흔치 않았다. 해몽이나 무의식에는 관심도 없었다. 그런데 이번만큼은 상징으로서가 아니라, 나의 오랜 소원 풀이를 하게 해 준 직접 경험으로서 어젯밤 꿈을 그냥 떠나보내고 싶지 않았다.

나는 언제나 돌아가고 싶었다. 어린 시절로, 단순했던 그때로, 걱정 없던 가정의 품으로. 누군들 혹독한 성인의 삶을 잠시 뒤로하고 옛날로 돌아가고 싶은 회귀 본능이 없을까. 그런데 내게는 한 가지 의미가 더 있었다. 그것은 세상의 질료로 되돌아가고 싶은 마음이었다. 어떤 구성 성분의 수준을 향한 근원 모를 향수가 내게 있었다. 생물학 교과서에서 태곳적 생명이 기원한 곳인 원시 수프라는 단어를 처음 본 순간 설렜던 기억이 지금도 생생하다. 누군가에게 이 이야기를 했더니 젊은 사람이 그렇게 죽고 싶어 하면 쓰겠느냐는 핀잔이 돌아온 적이 있었다. 생각해 보니 그렇게 들릴 법도 했다. 하지만 나는 죽는 것을 전혀 원하지 않았다. 오히려 시퍼렇게 살아 있기를 원했다. 다만 요란하게 헐떡거리며 거스르듯이 사는 존재가 아니라 티 안 나는 물질처럼 그저 있고 싶었다. 밤새 심연의 여행을 하고 난 지금, 나는 이제 이 근원적인 그리움을 찾은 사람이 되었다. 그리고 이렇게 성공적으로, 내가 사는 이곳으로 다시 돌아온 사람이기도 했다.

일어나 새 날을 시작해 보자. 이때 갑자기 생각나는 책이 있었다. 언젠가 발견하고 그림이 좋아서 사 두었던 동화책 『도롱뇽 꿈을 꿨다고?』였다. 작가에 따르면 원래 이 책의 제목이 "양서류의 꿈"이었다고 한다. 이 책이 퍼뜩 생각난 이유였다. 개구리, 두꺼비, 도롱뇽 등 온갖 물컹거리고 축축한 양서류들과 몸을 비비며 그들과 놀고 그들을 도와주는 어떤 아이의 꿈. 그중에는 아이가 수많은 올챙이를 사랑스럽게 안아 주는 그림이 있었다. 내 꿈의 기억에서 잃어버린 바로 그 장면이었다. 양팔을 끝까지 다 뻗어도 채 완전하게 안을 수 없을 만큼 거대하고 푹신푹신하고 한없이 검었던 신비의 올챙이. 그가 사는 저 연못 바닥이 어떤지 나는 이제 상상할 필요가 없다. 왜냐하면 진짜로 가 보았으니까.

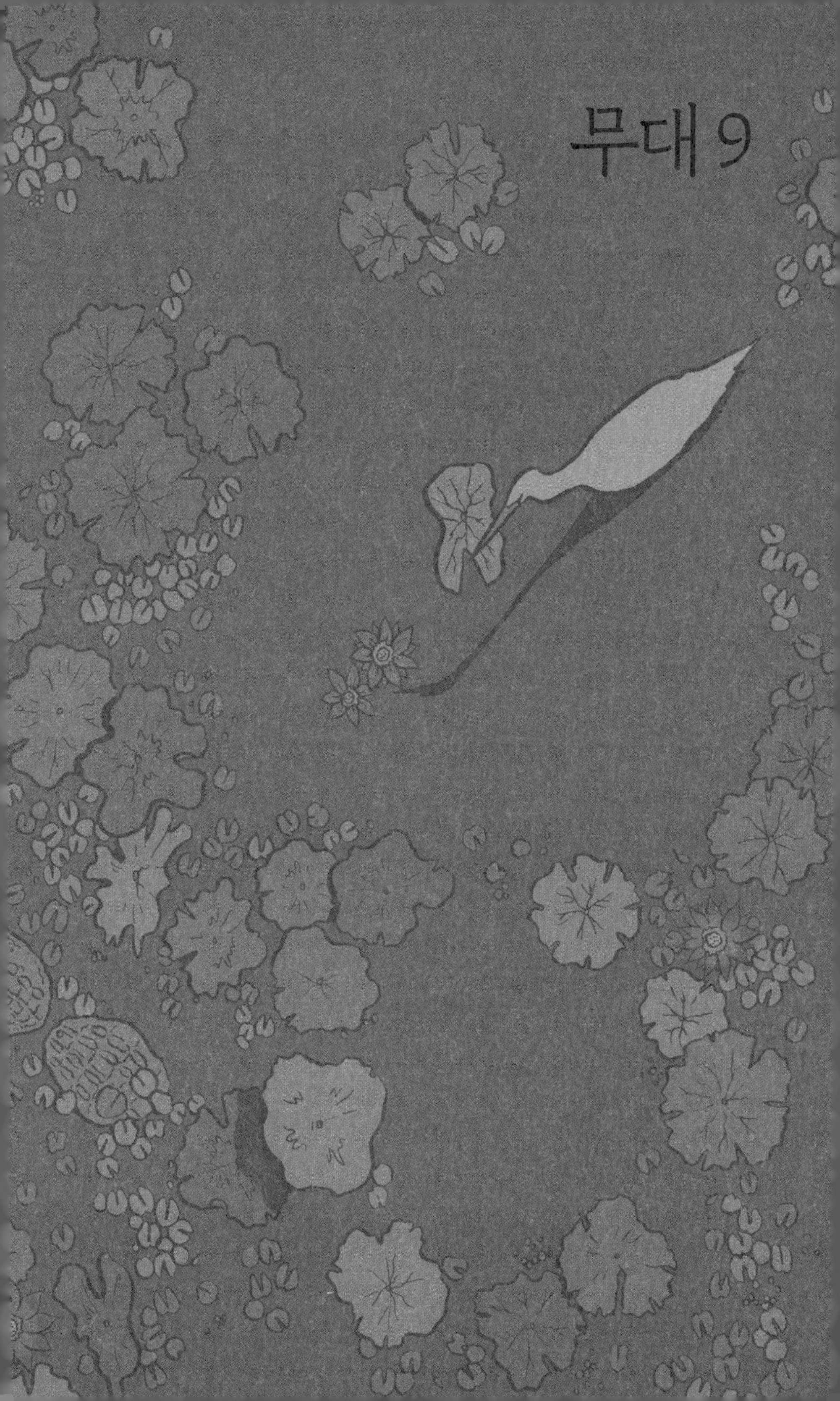

# 무대 9

안녕하세요,「반쯤 잠긴 무대」가 다시 찾아왔습니다. 아니 실은 여러분이 이 무대를 찾아 준 것이죠? 바쁜 와중에도 저 혼자 떠드는 이 방송을 찾아 준 여러분에게 진심으로 감사드립니다! 누군가 찾아 준다는 것, 제 발로 찾아와 준다는 건 참으로 고맙고 설레는 일입니다. 가슴에 진정으로 와 닿는 게 좀처럼 없는 이 황량한 세상에서, 가끔씩 벌어질 때마다 여전히 아름답게 느껴지는 걸 하나 꼽으라면 주저 없이 이 자발성을 선택하겠습니다. 억지로 할 이유도 없고 누가 시키지도 않았는데 알아서 갖는 마음이나 하는 행동. 인류의 마지막 희망이 여기에 있다고 저는 생각합니다. 삶에 대한 정성은 결국 이런 능동적인 바탕에서 출발하는 것 아닐까요?

마음대로 보내도 되는 시간이 주어졌을 때, 그 기회를 어떻게 활용하느냐에 따라 기분은 천지 차이가 됩니다. 괜히 전화기, 텔레비전, 인터넷에 시선을 뒀다가 계속 붙잡혀 반나절을 허비하고 나면 정말로 더러운 기분에 휩싸이죠. 외부의 힘에 굴복해 패배한 느낌이 듭니다. 반대로 할 거리를 능동적으로 선정해 뭔가를 만들거나 읽거나 하고 나면 한결 상쾌합니다. 내부의 힘을 끌어내 승리한 느낌이 듭니다. 참 웃기죠? 혼자 집에 앉아서 패배의 쓴잔과 승리의 축배를 번갈아 맛보는 꼴이 말입니다. 내 손으로 삶을 일구느냐 아니냐가 그렇게 중요한 것입니다. 정신 차리지 않으면 주변의 이런저런 힘에 떠밀려 어느덧 전혀 의도치 않은 삶을 살고 있는 스스로를 발견하기도 합니다. 그래서 아까 말한 생활 속 작은 승리가 중요합니다. 그게 없다면 나는 내가 아닌 채로 그저 살고만 있을지도 모릅니다.

이 세상 탓일까요? 내 뜻대로, 내 페이스대로 사는 게 일상 생활에서도 잘 안 될 때가 많습니다. 가령 횡단 보도 하나를 건너도, 내 보행 속도와 신호등의 점멸 시점이 자연스럽게 만나는 시점을 기다려 건너는 일은 드물죠. 언제나 신호는 애매한 타이밍에 들어오는 듯하고, 이를 놓치지 않으려고 나도 모르게 뜀박질하는 경우가 다반사이죠. 아무 바쁜 일이 없는데도요. 다들 티 안 내고 빈자리를 예의주시하는 지하철에서 자리 경쟁에 참여하는 대신 단념하자고 마음을 먹어도, 레이더를 완전히 끄지 못한 채 어느덧 앞자리를 사수하는 내가 돼 있습니다. 은행이나 관공서에 들어서자마자 홀린 듯 번호표부터 뽑고, 마트 계산대에서는 탈출하듯 값을 치르고 떠납니다. 일과를 마치고 집에 복귀하고 나서야 한두 시간 동안만 잠시 내 페이스를 찾습니다. 그러고서 다음날 또 시작이죠. 미시적으로 하루하루가 이렇다면, 거시적으로 생애 전체가 이처럼 여기저기 떠밀리는

궤적을 그리며 간다 해도 과언이 아닐 것입니다.

현대인의 삶이란 다 그런 것 아니냐고요? 물론 그렇죠. 하지만 우리가 지금 그렇게 살고 있더라도, 사는 게 원래 그런 건 아니라는 사실을 상기해야 합니다. 머리로는 아무리 말끔하게 잊는다 해도 어차피 몸은 잊지 않습니다. 그렇게 만들어져 있지 않으니까요. 긴박한 순간, 치열한 경쟁, 곤두선 신경, 다 자연계에서도 얼마든지 존재하는 것들입니다. 그러나 그 외의 것도 많습니다. 오만 가지 성분과 요소가 모여 구성되는 것이 자연이고, 모든 생명체에게 강제되는 규격화된 체계 같은 건 없습니다. 생로병사를 관장하는 자연의 가장 근본적인 원리 외에는 말이죠. 사회와 질서를 숨 가쁘게 통과하고 난 저녁마다 저는 이렇게 규격화되지 않은 자연의 풍경을 그리워한답니다. 바로 지금의 제 모습이군요.

예를 들어 볼까요? 강변으로 여러분을 모십니다. 하하. 당연히 습지로 향하지 그럼 어디로 가겠습니까? 이 팟캐스트를 하는 이유 자체가 뭔데요. 저를 깔때기라고 아무리 놀려도 괜찮습니다. 제가 봤을 땐 정말로 끄집어낼 게 너무 많은 보물의 원천이라서 줄곧 이 이야기를 하고 있는 것

이니까요. "아름다움은 보는 사람의 눈에 있다."고 한 마거릿 울프 헝거퍼드(Margaret Wolfe Hungerford)의 말을 기억할 것입니다. 여기서 좀 더 나아가서, 아름다움을 눈으로 포착한 사람이야말로 그것을 표현할 의무가 있다고 저는 해석합니다. 어때요, 동의하시나요?

어떤 아름다움을 포착했느냐고요? 물가를 찾을 때마다 제가 제일 먼저 보는 건 물의 경계입니다. 자연의 경계는 제게 이상하리만치 흥미롭고 감격적입니다. 뭔가가 끝나는 곳에 다른 뭔가가 시작되는 그 지점. 가령 들판이 끝나고 숲이 시작되는 곳 말입니다. 바닷가에서는 모래사장이 어디서부터 모습을 드러내는지가 관건이고요. 도로와 건물이 전부 차지해 버린 세상에서 이런 자연의 자연스러운 경계는 갈수록 관찰하기 어렵습니다. 들판이 이어지다가 자연스레 숲이 시작되는 게 어디 있습니까? 들판이 뚝 끊기고 온갖 흉측한 것이 잔뜩 있다가 다시 뚝 끊기고 숲이 있죠. 숲속을 걷다 보면 어느새 또 뚝 끊깁니다. 이것과 저것이 자연스럽게 스며들며 변화하는 과정은 온데간데없는, 단절적 불연속성의 연속입니다.

그런데 어린이 책을 보십시오. 정말로 아무 책이나 펴 보세요. 주인공이 누가 됐든 그냥 막 걸으면 들판도 나오고 산도 나오고 숲도 나오고 강도 나옵니다. 중간에 갑자기 8차선 도로를 건너야 할 일은 절대로 어린이 책에 나오지 않습니다. 그게 이야기의 주제가 아닌 이상. 광활하게 연속적인 대지에서 뭐가 나올지 모르는 기대감을 품고 여기저기 자유롭게 누비는 세계가 모든 작품의 밑바탕을 이루고 있습니다. 그것이 가장 기본적이고 근본적인 세상의 조건이니까요. 하지만 실상은 너무도 다르죠. 서울에 살면서 혹시 이런 생각을 해 본 적 있나요? '오늘 한강변에 한번 나가볼까?' 하고 말이죠. 한강이 우리 집에서 북쪽인지 남쪽인지 정도는 방향

치라도 대충은 알기에 어림잡아 걸어가면 됩니다. 까짓것, 가다 보면 안 나오겠어요? 저쪽에 강이 있는 걸 분명히 알고 내가 가기만 하면 되는데. 어린이 책에서처럼 말입니다. 그런데 막상 가 보십시오. 안 나옵니다. 접근 자체가 불가능한 경우가 많습니다. 인터넷으로 길을 보면 되지 않느냐고요? 어린이 책에선 아무도 그런 식으로 안 다닙니다.

우리의 마음속 강변에 털썩 주저앉아 봅시다. 어렵사리 도착했더니 몸도 피곤하네요. 간만에 나오니까 좋죠? 저기 물과 뭍이 만나는 모습을 바라봅니다. 어떤가요? 그 경계가 언제나 살짝살짝 움직입니다. 물이라는 게 가만히 있는 법이 없으니까요. 찰랑찰랑 물이 만졌다가 손을 거두는 그곳의 흙은 반질반질하고 부드럽습니다. 강가에 자란 수변 식물들은 위치에 따라 조금 또는 많이 잠겨 있습니다. 물과 가까워질수록 촉촉하고 멀어질수록 뽀송뽀송한 자태를 보여 줍니다. 아, 바로 이 연속성입니다. 물의 액체성이 주변을 매만지며 만드는 점진성입니다. 네, 적어도 물이 뭍과 만나는 경계에서만큼은 서로 자연스레 스며드는 과정이 여전히 남아 있습니다. 시멘트로 망쳐 버린 강변이 아닌 경우에 말이죠.

아무도 눈길조차 안 주는 이 물의 매만짐에 습지의 멋과 맛이 가장 잘 함축돼 있다고 저는 생각합니다. 저도 처음엔 몰랐습니다. 그냥 보기에 좋다고 느꼈죠. 타는 불꽃처럼 그냥 바라보고만 있어도 마음을 안정시켜 주는 효과가 있다고 할까요? 그런데 알고 보니 그 안에 많은 게 담겨 있더라고요. 물가에 나타나는 그 연속성이 바로 습지의 얼굴과도 같답니다.

수영장에 들어갔다 나올 때 보통 어떻게 하죠? 물의 깊이에 따라 다르지만 일반적으로는 팔만 간신히 올려놓을 수 있을 정도로 턱이 높습니다. 그래서 사다리가 없으면 도움닫기를 해서 크게 뛰어올라야 합니다. 다

수영장의 벽면이 직각으로 떨어지기 때문이죠. 이렇게 괴상하게 딱 떨어지는 구분은 당연히 자연에서는 있을 수 없는 것입니다. 강변이 꽤 가파르게 파인 경우는 있어도 수영장식의 직각은 없죠. 자연의 물가는 대부분 비스듬합니다. 점진적이죠. 말하자면 물속으로부터 뭔가가 뭍으로 나온다고 했을 때 스르륵 기어 나오기에 딱 좋은 모양. 물과 뭍은 서로 조금씩 걸치며, 조금씩 닮아 가며 이렇게 경계에서 만납니다.

네, 강가에 앉아 있으니까 별의별 생각이 다 납니다. 어린 시절과 옛사랑을 떠올리고, 인생무상과 덧없음을 생각합니다. 가장 무심하고 딱딱한 사람도 물가에 다다르면 조금이라도 더 사람다워집니다. 다 물의 가장자리가 가져오는 효과입니다. 물에서 육지로 올라온 생명의 역사 때문일까요? 물과 살의 혼합물인 우리의 신체적 조성과 눈앞의 경관이 서로 조응하기 때문은 아닐까요? 아무도 확실히 모르지만, 저는 여기에 한 가지 가설을 더하고 싶습니다. 언제나 움직이는 물과 뭍의 경계에서 우리가 삶과 죽음의 가능성을 모두 느끼기 때문이라고 말입니다. 음양의 원리처럼 물과 뭍이 서로 상대적으로 운동하며 생성하고 소멸하는 것을 봄으로써 만물의 거대한 순환을 무의식적으로 감지하고 이해하는 게 아닌가 생각해 봅니다. 오늘 그럴듯해 보이는 말들을 의도치 않게 많이 하네요. 거 참.

그런데 그냥 말장난만은 아닙니다. 물가는, 그러니까 습지는 정말로 생성과 소멸의 변주곡이 끝도 없이 울려 퍼지는 곳이랍니다. 어디는 안 그러냐고요? 그렇죠, 어디든 삶과 죽음이 함께 있습니다. 새잎을 틔우는 나무 밑에는 낙엽이 천천히 썩고 있죠. 하지만 이런 곳에서는 모든 게 다 섞여 있습니다. 습지의 독특한 점은 바로 물이 일정한 패턴을 만들어 낸다는 점입니다. 오르락내리락하는 물에 따른 삶과 죽음의 패턴. 생과 사가 마구 혼재하는 곳에 물이라는 존재가 나서서 지휘봉을 잡은 것입니다. 물은 여러 생명체 중 하나가 아닙니다. 생명 자체를 가능케 해 주는 세상의 기본 조건으로서 공기와 같은 층위의 물질입니다. 그래서 물은 서식지를 들었다 놨다 하는 자신만의 놀이를 펼칩니다.

물의 놀이는 단순하면서 효과적입니다. 비가 오면 물이 불어나 수위가 올라갑니다. 시간이 지나면 물이 빠지고 마르면서 다시 수위가 내려갑니다. 이 과정을 반복합니다. 그러면 우리가 앉아 있는 이 물가는 어떻게 될까요? 젖었다 말랐다 하겠죠? 네 그렇습니다! 바로 여기서 비스듬함이 빛을 발하는 것입니다! 비스듬해야 불어난 물의 양에 따라 딱 그만큼 젖고, 또 빠진 만큼 다시 마릅니다. 그러면 툭하면 잠기는 아랫부분이 있고,

웬만해서는 뽀송뽀송한 윗부분이 있겠죠? 바로 이 사이에, 즉 물이 밀고 올라갔다가 내려오는 이 경사면에 생명의 경사도가 생겨납니다. 다른 말로는 변화도, 영어로는 'gradient'라고 합니다. 경사진 땅이라서 하는 말이냐고요? 경사 자체를 뜻하는 게 아니라, 경사로 인해 물에 잠기는 정도가 달라지기 때문에, 잘 잠기는 데에서 잘 안 잠기는 데까지 연속성이 존재한다는 뜻입니다. 수영장처럼 중간에 뚝 끊이지 않고 말입니다.

습지 맨 아래에서부터 훑어봅시다. 여기엔 언제나 수중 상태인 수생(aquatic) 영역이 있습니다. 바로 위에는 늪(marsh)입니다. 자주 잠기는 부분이죠. 물속에 뿌리를 두고 있지만 물 밖으로 자라난 갈대나 부들 같은 식물이 식생의 주를 이룹니다. 좀 더 위에는 습초지(wet meadow)가 있습니다. 어쩌다 잠기는 부분이죠. 여기에서는 젖은 흙에서 살 수 있는 초본류가 자랍니다. 그 위부터는 관목이 자라는 건조한 산림 지대가 시작됩니다.

이는 식물마다 생육 조건이 다르기 때문에 벌어지는 일입니다. 가령 때때로 물에 잠기기만 해도 나무가 자리를 잡기는 힘들죠. 햇빛을 다 가려 버리는 큰 나무가 있을 수 없는 곳이기에 습지에서는 다른 애들이 한

껏 기회를 누릴 수 있답니다. 모두가 호시탐탐 기회를 노리고 있다고 말해도 과언이 아닐 것입니다. 습지의 흙속에는 아직 발아하지 않은 씨앗이 잔뜩 있는데 조건만 맞으면 언제든 싹을 틔울 수 있거든요. 늪에는 1제곱미터당 1,000개 이상, 습초지에는 무려 1만 개가량의 씨앗이 때를 기다리고 있습니다. 물과 토사에 쓸려 모인 결과이겠죠.

요컨대 다양한 식물 중에서 어떤 종이 흙을 뚫고 나오는지는 땅이 물에 잠기는 정도가 크게 좌지우지한다는 점입니다. 딱 이 정도로 잠기는 땅은 그에 맞게 적응한 수생 식물에게만 삶을 의미하고 그 외의 식물에게는 죽음 또는 기다림을 의미합니다. 비스듬한 강변을 따라 생기는 '물 자취'대로 습한 정도가 조금씩 다른 서식지의 층위가 쫙 펼쳐집니다. 그러면 그에 상응해서 수생 또는 수변 식물의 군락이 생겨납니다.

저는 어린 시절부터 연못이나 호수와 같은 습지의 단면도에 매우 이끌렸습니다. 아마 보면 뭔지 알 것입니다. 마치 케이크를 자르듯이 땅과 물을 잘라서 깊이별로 뭐가 있는지를 보여 주는 그림 말이죠. 다른 서식지에 대해서는 이런 그림이 잘 등장하지 않습니다. 유독 땅과 물의 점진적인 변화가 있는 습지 생태계에 대해서 자주 등장하곤 하죠. 그때는 왜 습지를 설명하는 데 단면도가 유용한지 잘 몰랐습니다. 물의 경계를 감상하고부터는 이해하게 됐죠. 오늘 계속 강조한 그 연속적 변화가 물과 뭍의 만남에서 만들어지기 때문이었던 것입니다.

단면도에는 같은 물이라도 수위에 따라 식물의 분포가 어떻게 달라지는지 순서대로 그려져 있습니다. 물속에 푹 잠긴 검정말과 붕어마름 같은 침수 식물에서부터, 물속에 뿌리를 두고 잎이 수면까지 올라오는 수련과 자라풀 같은 부엽 식물, 뿌리만 물속에 있고 물 밖으로 몸을 내민 갈대나 부들 같은 정수 식물. 그리고 그냥 떠서 지내는 개구리밥과 생이가래 같은 부유 식물. 각각의 미소서식지에 적응한 동물들까지 배치하면 그림이 완성됩니다. 물 바닥을 뒤지는 메기, 중간을 유영하는 물방개, 얕은 데에서 눈만 내민 개구리, 수면에서 노니는 소금쟁이 그리고 이 모든 걸 노리는 백로. 실제 자연에서는 이 모든 동물을 한 프레임 안에서 보는 게 불가능합니다. 그래서일까요? 이런 그림은 제 가슴에 꿈으로 남아 있습니다.

물이 자연 상태대로 자유롭게 이 세계를 누비도록 해 주면 그의 촉촉한 손길에 따라 가능한 종류의 습지를 풍부하고 다채롭게 우리 앞에 펼쳐 줍니다. 반은 물속에 있고 반은 물 밖에 있는 갈대 같은 수생 식물은 그래서 독보적인 상징성을 가집니다. 물이면 물, 뭍이면 뭍, 이렇게 딱 떨어지는 걸 좋아하는 인간의 단순한 합리성을 비웃기라도 하듯 애매하게 반쯤 잠긴 바로 그 상태를 천연덕스럽게 긍정하고 있습니다. 수생 식물이라고 해서 물에 잠긴 상태가 마냥 이로운 것도 아닙니다. 오히려 물에 잠기는 바람에 공기를 충분히 들이켤 수 없는 문제에 봉착해 살죠. 그래서 공기가 오갈 수 있게 해 주는 통기 조직(通氣組織, aerenchyma)이나 뿌리에서 수면을 향해 위로 자라나는 호흡근(呼吸根, pneumatophore) 같은 적응을 보유하고 있습니다. 물에 잠겨 생활한다는 것, 만만치 않습니다. 그러나 그러한 문제를 삶의 일부로 받아들인 수생 식물은 물의 차오름과 내림에 몸을 맡기며 물가마다 촉촉한 녹음의 테두리를 두르는 데 너 나 할 것 없이 동참합니다. 저 물과 뭍의 경계, 풍성하고 유동적이고 꾸밈없이 멋들어진 물가가 제겐 가장 완전한 자연의 면모 중 하나입니다. 엄마와 누나랑 다 같이 강변에 살자는 데에는 다 그만한 이유가 있다고 믿습니다. 그래요, 강변 삽시다. 좀 그럽시다. 오늘은 이것으로 이만 줄입니다. 감사합니다.

# 10장

혹시 이런 기분을 아는지? 인생이 한 점으로 모이는 그런 기분 말이다. 여러 일들이 이상하게 보조를 맞추면서 수렴하고, 흐리고 찌뿌듯한 마음의 날씨가 걷히면서 모든 것이 전에 없이 선명해지는 날이 있다. 대부분의 나날은 그냥 작은 조각, 그러니까 삶의 재료를 조금씩 확보하는 느낌의 시간들이다. 그에 반해 이 특별한 하루는 같은 24시간이라도 훨씬 더 긴 시간을 함축하는 듯 흩어졌던 생각들과 심상들을 요약해 준다. 말하자면 삶의 집중도가 갑자기 높아지는 순간이라고나 할까? 모처럼 생각을 정리할 수 있는 드문 기회이다.

왜, 누구나 겪는 일 아닌가? 뭐가 뭔지, 이렇게 할지 저렇게 할지 잘 몰라서 고민하다가 결국 좀 더 시간을 두고 생각해 보기로 하는 일. 나의 경우 백이면 백 진짜로 더 생각하는 일은 없다. 그냥 잊어버리고 있다가 아무런 심화된 고민 없이 때가 되면 그냥 마구잡이로 결정하고 만다. 물론 그래서 잘못 판단하는 일도 부지기수이다. 요는 시간을 더 번다고 해서 그만큼을 정말 활용하지는 못한다는 것이다. 다만 묵혀 둘 뿐. 오늘 어려운 일이 내일이 되면 괜히 쉽게 느껴지는 효과에 기대는 것에 불과하다. 하지만 쭉 그러다가도 어쩌다 안 그럴 때도 있다. 머리가 맑고 내 삶에 의미와 질서를 부여하고 싶은 마음이 드는 오늘처럼 말이다.

그럼 어디 한번 시작해 보자고. 습관적인 인터넷 검색도, 괜히 늘어지고 싶은 마음도 안 드는 이 귀한 컨디션을 십분 활용해 보는 것이다. 첫 번째 질문, "난 지금 무엇을 해야 하나?" 음, 이것은 비교적 간단하다. 의뢰받은 영상을 잘 만들어야 한다. 아르바이트도 때려치운 마당에 이거라도 잘 해야지. 그런데 내가 만들어야 하는 것은 하나의 작품이다. 그런데…… 그게 대체 뭐지? 작품이라는 그럴듯한 이름표를 붙일 만하려면 무언가는 달라야 할 텐데. 그 무언가가 무엇인지. 일단 이렇게 답을 해 보면 어떨까. 나와 만나서 나를 전혀 다른 무엇이 되게 하는 것. 여기서 '나'란 한 개인 자체보다는 그 개인이 가진 생각이나 시선 가운데 주목할 만한 어떤 것을 말한다. 나 자신이야 온갖 잡다한 성향과 개인사의 집합체이고 그것은 누구나 마찬가지이다. 그 자체만으로는 특별한 가치를 발견하기 어렵다. 사람은 다 다르고 저마다의 삶이 있으니까. 개인에서 출발했는지는 몰라도 더욱 보편적인 의미를 갖게 되는 무언가를, 그것을 '나'라고 해 보자.

그런 내가 '그것'과 만난다. 그러니까 이 경우 그것은 두꺼비 혹은 개구리이다. 아니 정확히 말하면 그들이 길을 건너는 일이다. 아니 더 정확히 하자면 자동차가 무섭게 달리는 도로를 양서류들이 그 작은 다리로 건너는 어려움, 그리고 건너기를 도와주는 일에 관한 이야기이다. 그것이 이것이라면 이것에는 주목할 만한 것이 있는가? 처음 이 일을 시작했을 때는 없다고 생각했다. 하지만 지금 생각하면 무언가가 있다. 위험천만한 질주와 기계적 동력의 세상에서 여전히 폴짝폴짝 따위의 모드로 개구리나 두꺼비가 굳이 감행하는 저 알 수 없는 돌아다님은 생명체의 단순한 이동을 넘어선 무언가를 보여 준다. 무작정 차를 몰고 나섰던 그날, 뻥 뚫린 도로의 열림이 한편으로는 다른 생명체에게 닫힘이라는 이면을 가진다는 사실을 떠올렸다. 그래 그 닫힘, 그러니까 차단이 내게 와 닿은 것이다. 개인적으로 그리고 보편적으로. 차단, 그것은 흐름을 막는다. 저기와 여기가 연결되고 더 나아가 저기가 여기가 될 수 있는 우주적 가능성을 말소해 버리는 힘이다. 반대로 흐름은 확연한 구분과 구별을 넘어서려는 힘이다. 그냥 무언가가 이 지점에서 저 지점으로 가는 것만이 아니다. 모든 것이 모든 곳에 있을 수 있는 가능성. 흐름이란 그런 것이다.

오, 거 나쁘지 않네, 전혀 나쁘지 않아. 이 정도면 오늘은 출발부터 분위기가 괜찮다. 오케이, 차 한 잔 끓여 마시면서 잠깐 머리를 식혀 주자고. 생각을 정리하는 것만큼 시간을 생산적으로 보냈다고 느끼게 하는 것이 없다. 그만큼 평소에 워낙 너저분한 정신 상태로 지내서 그런 것인지 모르겠지만. 자리에서 일어나 괜히 이리저리 몸을 움직여 보았다. 사람은 그렇게 만들어진 동물이다. 스스로를 긍정하며 기분이 들뜨면 안 움직이고는 못 배긴다.

움직임은 내 어린 시절 최고의 장난감이었다. 아무런 물건 없이 오직 상상력 하나만 갖고 하는 놀이. 하늘을 날고 괴물과 싸우며 마음대로 커졌다 작아졌다, 머릿속으로 나만의 영화를 만들며 상상의 영상을 주변에다 투사했다. 펼쳐지는 사건에 맞게 몸동작을 표현하는 것이 묘미였다. 격투, 탈주, 폭발, 잠수 등 모든 동적인 장면을 몸으로 풀어내는 나만의 종합예술 장르였다. 옆에서 보면 춤이나 퍼포먼스 같아 보였겠지만 실은 철저하게 남을 배제한 채 나만의 내면 세계를 즐기는 1인 공연이었다. 할 때마다 효과음까지 "퓨퓨" 하고 내는 것이 특징적으로 보였는지 가족들은 이

행위를 "퓨퓨"라고 불렀다. "걔 뭐 하냐?" "저기서 '퓨퓨' 해." 이런 식으로 일상어처럼 사용되었다. 꽤 나이가 들었을 때까지도.

돌이켜 보면 나만의 이 놀이가 내 최초의 작품들이었다. 그때는 얼마나 쉬웠는지! 매일같이 다른 등장 인물과 이야기를 공장처럼 뿜어 대는 그 엄청난 일이 수월하다 못해 자연스러웠다. 어디에도 기록되지 않은 수많은 명작들을 생각하면 이렇게 애쓰며 겨우 한 작품씩 만들어 가는 지금의 내가 초라하기만 하다. 성장이란 그저 퇴행의 다른 말인가? 나이가 들면서 나만의 1인 공연은 시들해졌다. 하지만 그 대신에 새로운 공연의 세계에 눈을 떴다. 그것은 바로 나 홀로 관객인 무대. 그곳이 무대인지, 그곳에서 펼쳐지는 것이 작품인지 아무도 모르는 소박한 공연. 예전에는 보지 못했지만 지금은 그 무대를 찾아 두리번거린다.

보글보글. 거 따뜻하니 좋네. 음, 아까 어디까지 했더라? 작품이 되려면 나와 그것이 만나야 된다고 했다. 만난다는 것은 무언가 상관이 있다는, 또는 생긴다는 뜻이다. 그럼 두 번째 질문. "그것이 나와 무슨 상관이 있는가?" 두꺼비든 개구리든, 차단이든 흐름이든, 나와 아무 관계도 없잖아 솔직히. 아니 그리 간단치 않다. 어차피 아주 직접적인 관계가 있을 때에만 상관있다고 하는 것은 아니니까. 나와 정말 직접 연결된 것을 따질 것 같으면 이 작은 테두리 외에는 아무것도 없다. 그나마 이 테두리 안에도 나와 실은 상관없는 것들이 많다. 내가 좋아하는 음식, 책, 음악, 공간 모두 나의 성향에 따라 나와 상관있게끔 내가 만든 것이지 원래 나와 상관있는 것은 아니다. 그렇게 보면 나란 내가 마음먹기 나름이다. 작게 보면 작고, 크게 보면 크다. 어라, 어린 시절 '퓨퓨' 놀이와 비슷해지는걸.

나도 남들처럼 세월에 떠밀려 살아왔다. 그런데 한 가지 차이가 있다면 나는 내가 떠밀리는 느낌을 언제나 지각하고 있었다는 점이다. 물질의 순환에 내 몸을 맡기는 피동적인 맛을 즐겼던 것이다. 거칠게 밀어붙이거나 확 잡아끄는 것 말고 딱 적당히 밀리는 정도의 힘이 작용하면 그것을 아름답게 여겼다. 스르륵 스미는 소리 없는 순리. 부드러운 매질 속에 몸을 폭 담그고 앉아 세상을 지그시 조망하고, 잔잔한 물가에 머물며 조용한 리듬에 내 마음의 파장을 맞추는 것. 그게 나다. 그런데 가만있자, 무언가가 생각이 나는데. 그렇게 말하고 나니 떠오를락 말락 하는 상이 있는데 대체 뭐지? 어 알았다! 개구리였다. 내가 개구리를 닮았다는 그 간단한 사실. 그것을 미처 깨닫지 못했다.

이 작은 발견은 의외로 내게 충격적으로 다가왔다. 마치 전혀 생각지도 않은 사람이 나를 좋아한다는 것을 알게 된 놀라움이랄까? 심지어는 그것을 알게 된 나도 내심 기분 나쁘지 않다는 것을 발견한 당혹함이랄까? 나로부터 감춰졌던 나의 과거를 갑자기 마주한 듯 그것은 새로우면서도 이상하리만치 익숙했다. 아, 그렇네. 아무것도 제대로 설명되지 않았는데 무언가가 더 맑아진 듯한 희한한 깨달음. 한 동물과 나를 연결시켜 본 지극히 간단한 행위가 낳은 신비로운 효과였다. 나-개구리.

그것은 감정 이입하고는 다른 것이었다. 감정적으로 개구리와 하나가 되는 경험은 아니었다. 딱 한 번 누군가의 강연을 들으며 그런 생각을 해 본 적은 있다. 뱀에게 잡혀 하반신이 이미 삼켜진 상태의 개구리가 내는 특유의 소리가 있다는 이야기였는데, 뱀의 입속으로 점점 빨려 들어가는 그때의 느낌은 과연 어떨까 상상해 보라는 것이었다. 사람들은 바로 징그럽다는 반응을 보였지만 머릿속에서 시뮬레이션을 돌려 본 나로서는 반대의 결론에 이르렀다. 올챙이 시절이 주마등처럼 뇌리에 스쳐 지나갈지언정 어쩌면 '그냥 이게 끝이구나.' 하는 담담함을 보일지 모른다고 생각한 것이다. 소화액이 옆구리를 천천히 적시는 것을 느끼면서 말이다.

내가 발견한 연결의 끈은 동료애 같은 것이었다. 비슷한 처지에서 비슷한 삶을 구가하는 운명 공동체. 이 세상에서 차지하고 있는 정체성에 있어서 우리는 노선이 같았다. 스스로를 적실 수 있어야 사는 생명체로서 말이다. 개구리는 아마 우리처럼 물이라는 개념을 알지는 못할 것이다. 수소와 산소로 된 물의 분자식 따위는 죽었다 깨어나도 모를 것이고. 하지만 우리는 상상도 못 할 오만 가지 촉으로, 우리보다 훨씬 깊고 풍부하고 확실하게 물을 '알' 것이다. 바로 이런 의미에서 나는 다른 사람보다 훨씬 더 물을 잘 '안다'고 자부해 왔다. 달리는 차창 밖으로 물이 나타나면 나는 한 번도 그것을 무심코 지나치지 않았다. 마치 글자처럼, 그림처럼, 메시지처럼 나는 그것을 알아보았다. 수영장을 보면 첨벙 뛰어들고 싶고 실개천을 보면 발을 담그고 싶은 것과는 달랐다. 나에게는 물이 놀이의 대상이 아니었다. 허파가 맑은 공기를 만나면 생의 힘과 기운으로 충만해지듯 나는

물에서 내 삶의 방식을 느끼고 보았다.

이 연결의 끈을 여태 왜 몰랐을까? 물의 부름을 온몸으로 느끼는 이 작은 존재들과 나 사이에 이런 공통 분모가 있었음을 왜 더 미리 발견하지 못했을까? 이 마르고 단단한 세상 속에서 우리는 어울리지 않게 피부 호흡으로 물을 찾아 살아가는 같은 처지인데. 사실 그동안 나는 내가 살고 생각하고 움직이는 방식 모두 이 세상과 잘 맞지 않는다는 것을 알면서 지내 왔다. 이제 보니 도로 위의 개구리, 딱 그 모습이다. 매정하게 굴러가는 문명과 너무나도 이질적이고 어울리지 않고 무방비 상태인 작은 존재. 서둘러 가도 시원치 않을 판에 겨우 '폴짝폴짝'이라니. 그것도 중간 중간에 한 박자 쉬어 가면서. 이토록 극과 극이 한 폭에 들어오는 장면이 또 있을까. 아, 그래서 나도 모르게 이해했던 것이구나. 그들의 뒤를 밟으며, 아래를 보고 걸으며, 물가를 향하며 보낸 시간들이 이렇게 하나로 수렴하는구나. 거울 옆에 붙어 있던 작은 메모지에 눈길이 갔다. 아주 한참 전에

우연히 본 책에서 마음에 드는 구절이라 적어 놓은 쪽지였다. 프랑스의 인류학자 클로드 레비스트로스(Claude Levi-Strauss)가 『오늘날의 토테미즘(*Le Totémisme Aujourd'hui*)』에서 한 말이었다. "동물은 그저 먹기 좋은 것이 아니라, 생각하기에 좋은 존재이다." 야, 저렇게 한참 전에 적어 놓은 것이 이렇게 예상치 않은 순간에 빛을 발하네. 그렇다. 동물은 생각하기에 좋다.

좋았어. 그럼 이제 마지막 세 번째 질문에 한번 답해 보자고. 그동안 계속 미뤄 왔던 이야기를 해야 할 때가 드디어 온 것이다. 간단하면서도 어려운 질문. "나는 무슨 말을 하고 싶은가?" 이에 대한 답 한마디가 작품이 되는 것도 아니고, 작품이 한마디로 환원되는 것도 아니다. 하지만 육체에 깃든 영혼처럼, 작품마다 한 편의 시를 품고 있어야 한다. 너무 옛날식 사고라고 할지 모르지만, 요즘 작품들을 보면 그런 생각이 더 절실히 든다. 단순한 메시지로 귀결되어야 한다는 것은 아니다. 다 타고 없어져도 한 편의 시는 남겨야 하지 않느냐는 뜻이다. 한 줄짜리 하이쿠라도 말이다.

남들처럼 직장 잡고 어엿하게 살아가겠다고 잠시나마 했던 생각을 접고, 나름의 작품이라는 것을 만들며 살겠다고 결정한 것이 벌써 수년 전 일이다. 별다른 각오도 없이 선택한 길이라 누군가가 대단하다고 칭송할라치면 마음이 불편하기만 했다. 내가 예술가라도 되는 것처럼 말이야. 그런데 그 뒤에 숨은 뜻이 있다는 것을 나는 전혀 몰랐다. 사람들이 비록 의도하지는 않았어도 실은 같은 곳을 가리키고 있었다. 그것은 작품이 아니라, 작품을 만들려고 그것과 보조를 맞추려는 삶이었다. 가난을 견디든 무명을 감수하든 보이지 않는 것과 씨름하든 무언가를 창작하는 행위를 삶의 중심에 두는 것과, 그렇게 둠으로써 발생하는 각종 부대 효과에 대응하겠다는 최소한의 의지가 있다는 것. 그들은 그것을 가리키는 것이었다. 대단하다는 것은 그것이지, 당연히 나의 작품 세계는 아니었다.

어쩌면 맞는 말이다. 작품 이전에 삶이 있고, 삶에 기반을 두지 않는 작품은 공허하다. 나는 개인적으로 작품이 별로여도 작가가 괜찮으면 다른 것을 찾아보기도 하지만, 작가에게 실망하면 옆에서 아무리 좋다 해도 작품이 죄다 꼴도 보기 싫다. 하지만 그럼에도 불구하고 작품은 저마다 탄생의 이유가 있어야 한다. 그렇지 못하다면 마땅히 탄생하지 않는 것이 옳다. 이것은 내가 오랫동안 천착해 온 생각이다. 그래서 기껏 만들어 놓고도 선뜻 내놓지 못한 작품이 많았다. 재미나 완성도 같은 문제 때문이 아니라, 세상에 내놓을 이유가 없게 느껴지는 무엇 때문에 망설였던 것들. 이것이야말로 생명의 탄생과 가장 커다란 차이점이었다.

지금, 처음은 아니지만 꽤 오래간만에 나는 이 문제를 떨쳐 버리고 있었다. 아직 제대로 만든 것도 없지만, 나의 가장 큰 난관이었던 작품 탄생의 정당성 문제가 이번에는 이상하리만치 쉽게 느껴졌다. 아마도 그것은 하나의 목소리로 나와 남을 동시에 이야기하는 최초의 경험이기 때문이었을 것이다. 말 못 하는 개구리와 말하는 나. 대지의 물줄기에 몸과 마음을 담그고 적시는 우리의 이야기이니까. 객석도 구경꾼도 전혀 없는 그 반쯤 잠긴 무대에서 예고도 없이 걸리는 상연작이었다. 아무런 서사도 드라마도 필요 없는 그냥 있는 그대로의 상태로 표현하는 무엇. 어쩌면 이야기라 부르지 않는 것이 맞을지도 모른다. 이야기는 무언가 시작되고 벌어지고 마무리되니까. 그렇다면 무엇이라 하나? 참, 아까 말했지. 이야기 대신 시라고. 그래, 시라고 하자. 우리의 시. 사실 나는 언제나 이야기의 세상보다는 시의 우주가 더 좋았다. 내가 하고 싶은 말? 내가 좋아하는 한 수의 시로 대신하련다. 하이쿠로 유명한 마쓰오 바쇼(松尾芭蕉)의 작품에서 힌트를 얻어 보자. 마침 나의 주제와 어울리는 것이 하나 있다. "고요한 연못, 개구리 뛰어드는, 물소리 퐁당." 나의 버전으로 써 보았다. "조용한 무대, 개구리 오르는, 물소리 찰랑." 혼자만의 무대에서 벌어지는 멋지고 귀여운 배우들의 의도치 않은 공연. 내가 작품에 담고 싶은 시이자 하고 싶은 말이었다. 그것이라면 이 세상에 내놓더라도, 그래도 괜찮지 않을까?

# 무대 10

안녕하세요, 안녕하세요. 「반쯤 잠긴 무대」 다시 인사드립니다. 그동안 잘 지내셨는지요? 저야 그럭저럭 지냈지만, 저의 이 무대는 아주 뜻깊은 날을 맞이하고 있습니다. 혹시 눈치챈 분이 계신지 모르겠습니다. 네, 오늘로써 바야흐로 열 번째 방송에 이르렀답니다. 5의 배수나 두 자릿수, 실은 특별할 것도 없는 숫자인데 이상하게 한번 짚고 넘어가게 만드는 묘한 힘이 있습니다. 제가 평소에 기념일을 챙기는 스타일의 사람은 아니랍니다. 연속적인 시간의 축에 인간이 임의로 특정 구간을 지정하고 거기에 너무 많은 의미를 부여하는 문화, 별로 동조하지 않거든요. 하지만 가끔은 도리어 그런 인위적인 짓을 하고 싶을 때가 있습니다. 지금처럼요.

얼마 전에 만난 지인이 그러더군요. 아직도 이 방송 하고 있느냐고. 그렇다고 했더니 이런 주제로 5회 이상 넘긴 게 기적이라고 하더라고요. 방송하는 사람이나 듣는 사람이나 대단하다면서 말이죠. 제겐 기적까지는 아니지만 자랑스러운 쾌거는 맞습니다. 정치나 영화, 음식이나 쇼핑 다 집어치우고 웬 습지 이야기로 지금껏 떠들고도 여전히 할 말이 남아 있다는 사실, 그런데도 계속해서 이 방송을 듣는 분들이 있다는 사실이 그렇습니다. 저도 처음 해 본 시도인데 벌써 열 번이나 채운 오늘을 감개무량한 시선으로 한번 되돌아봐야죠. 그런 의미에서 약간의 기념이라면 기념을 하고 싶었습니다. 한자리에 있었다면 당연히 축배의 잔을 기울이자고 제안했을 텐데 그러지 못해 아쉽습니다.

그런데 동시에 한 가지 공지를 하고자 합니다. 아마 앞으로 몇 회 후면 이 무대도 막을 내리게 될 것입니다. 방금 자축하자마자 무슨 이야기냐고요? 제때 떠난다는 것, 그것도 하나의 좋은 소식이라 여기기에 괜한 부정적 뉘앙스 없이 함께 말하려는 것입니다. 우리는 이상하리만치 지속성에 집착하는 경향이 있습니다. 마치 모든 모임, 프로그램, 사업이 억겁의 세월 동안 계속돼야 하는 것처럼 말이죠. 웬만한 동아리 게시판에 후배들의 열의와 정성이 식어 가고 있음을 한탄하는 선배들의 글이 없는 곳이 없습니다. 어차피 영원할 수 없다면 정해진 기간 동안 화끈하게 할 일을 하고 멋지게 퇴장해야 하지 않겠습니까? 인생이라는 게 다 그런데요. 그래서 「반쯤 잠긴 무대」도 두어 회 정도만 더 하고 작별의 인사를 올리고자 합니다. 소위 총알이 다 떨어져서 그런 건 아닙니다. 할 말은 많지만 있는 대로 다 털어 낸다고 해서 더 좋은 건 아니라고 생각합니다. 일생 동안 뼈저린 경험을 통해 얻은 값진 교훈이죠. 오히려 언제 말을 멈추느냐가 메시지의 진정한 효과를 결정짓는 것 같습니다.

작별이나 마무리처럼 부정적인 색채가 잔뜩 지워진 게 또 하나 있습니다. 뭔고 하니 바로 '음하다.'는 개념입니다. 보통 어둡고 흐리고 축축한 뭔가를 말하죠. 그 정도만 해도 그나마 표현 자체는 중립적인데 "마음이 엉큼하고 검다."는 사전적 의미까지 있더군요. 이 정도면 음하다는 말이 어떻게 인식되는지 알 만합니다. 물론 이런 인식 하나만 갖고도 온갖 논의를 할 수 있을 것입니다. 동양의 음양 사상과 서양의 아폴론-디오니소스 세계관을 다루지 않을 수 없겠죠. 하지만 이야기를 너무 철학적으로 끌고 가고 싶진 않습니다. 여기서는 여기의 주제와 관련지어서만 말하려고 합니다. 그럼 당연히 무엇이겠습니까? 네, 물론 습지이죠. 느낌이 딱 오시죠? 바로 그것입니다. 습지와 음하다는 말이 얼마나 자주 연결돼 억울하게 폄하돼 왔는지 이미 여러분의 머릿속에 강한 연결 고리가 있습니다.

아예 '음습하다.'라는 단어가 있잖습니까? 이 역시 "정서적으로 느끼기에 음산하고 눅눅하다."는 사전적 의미를 갖는데, 나쁜 느낌의 말 총집합쯤 됩니다. 그 정도로 '음'과 '습'은 매우 긴밀하게 통하는 개념입니다. 그런 것들이 잔뜩 모인 데가 습지라 하면 말 다 한 것이죠? 서양 문학에서는 예전부터 늪 또는 소택지라 하는 습지대가 아주 부정적인 뉘앙스로 등장해 왔습니다. 존 버니언(John Bunyan)의 『천로역정(*The Pilgrim's Progress*)』에서는 주인공이 '절망의 늪'에 도착하는데 이는 구원에 대한 기독교인들의 불안함과 죄책감을 상징한다고 합니다. 또한 미하엘 엔데(Michael Ende)의 『끝없는 이야기(*Die unendliche Geschichte*)』에서도 주인공 바스티안은 여정 중에 '슬픔의 늪'에 가게 되는데 아니나 다를까, 이곳은 슬픔에 말 그대로 '빠져' 죽게 만드는 나쁜 습지로 묘사돼 있죠. 대중문화에서도 습지는 부정적이기 짝이 없죠. 흔히 쓰는 'swamp thing'이라는 말이 있는데 말 그대로 늪에서 나온 '머시기'쯤 됩니다. 일종의 괴물을 뜻하는데 얼마나 괴상하고 이상하면 괴물이라는 칭호마저 불허하고 그냥 어떤 '것(thing)'으로 표현하고 있습니다. 이 점에 주목해 주십시오. 이 말은 원래 1970년대 미국 DC 코믹스 만화에서 처음 나왔지만 이제는 아주 보편적으로 쓰이는 말이 되었답니다. 하여튼 말로 형용할 수 없이 징그러운 뭔가라고 하면 습지로부터 물을 뚝뚝 흘리면서 나온 것으로 보는 것입니다.

어때요? 기분이 으슬으슬 안 좋아지나요? 설령 그렇다 해도 걱정 마십시오. 기존의 문화가 내 안에서 어떤 영향력을 미치고 있는 건 당연합니다. 다만 그걸 궁극적으로 어떻게 승화시키느냐가 우리의 몫인 것입니다. 저는 이 현상을 이렇게 해석합니다. 습지가 가진 깊고 풍부하고 엄청난 생명력을 마주한 인간이 이를 감히 다 이해할 수 없어 갖게 된 두려움이라고 말입니다. 생명을 잉태하고 발생시키는 습지의 능력은 오히려 괴물을 낳는다는 부정적인 묘사를 통해 인정받은 셈입니다. 왕성한 생명력을 가진 곳인데 뭍인지 물인지 잘 구분되지 않고, 무엇이 튀어나올지 감이 안 오니까 불안할 수밖에요. 돌 하나만 들춰도 그 아래에 뭔가 잔뜩 사는데 저 심연에서는 과연 어떤 생명체가 도사리고 있을까? 뭐가 뭔지 훤히 보여야 안심하는 인간이 습지에 마음이 불편한 것도 이해는 됩니다. 게다가 단단한 땅을 개간해서 농사를 짓는 게 인간의 업인데, 농사도 개간도 마음대로 안 되는 땅인지 물인지 하는 곳이거든요. 인간은 단단한 머릿돌과 초석을 바탕으로 문명을 쌓아 가는데, 그런 인간의 눈에 습지의 액체성과 비고정성은 악역을 맡기에 그야말로 딱인 것입니다.

물론 뭘 모르던 과거의 인류야 습지를 두려워했다고 해도 충분히 이해할 수 있습니다. 앞서 말한 적도 있지만, 실제로 습지에 빠져 밑으로 계속 가라앉는 경험을 한 사람으로서 그 공포가 어떤지 저도 잘 압니다. 하지만 새로운 과학과 미학을 장착한 현대인이 아직도 습지를 중세 시대의 편협한 눈으로 본다면 그것은 시대적 사명을 다하지 못하는 것입니다. 네, 심지어는 시대적 사명까지 들먹였습니다. 듣자 듣자 하니 너무 심한 것 아니냐고요? 살기도 바빠 죽겠는데 습지 좀 관심 없다고 그런 말까지 들어야 하느냐고요? 사실 제가 이런 식으로 자문자답할 때 상정하는 그런 '혹자'는 아무도 없다고 누가 그러더군요. 그렇다면 다행이고요. 하지만 이야기의 진행을 위해서 널리 이해해 주실 것으로 믿고 그냥 이어 나가겠습니다. 에헴.

그렇습니다. 그렇게 말할 정도로 의미가 있습니다. 습지의 실체 그리고 습지의 상징성. 모두 그 어느 때보다 오히려 지금 더 중요하다고 할 수 있습니다. 적어도 저는 그렇게 생각합니다. 제 여러 관심사 중의 하나로서 습지를 별 생각 없이 골라잡은 게 아니라, 정말로 주목할 만하기에 여러분에게 이토록 정색하고 제안하는 것입니다. 「반쯤 잠긴 무대」의 진짜 주인공은 바로 이 무대 자체입니다.

자연을 바라볼 때 가장 중요한 원칙 중 하나는 절대적으로 긍정적인 것도, 절대적으로 부정적인 것도 없다는 사실입니다. 항상 이것과 저것이

희한하게 얽혀 있고 모든 게 모든 것에 의존하고 있어서 어느 한 가지도 쉽게 판단할 수 없습니다. 가령 우리는 예부터 산불은 아주 나쁜 것으로만 배웠습니다. 그런데 어떤 식물은 산불이 나야지만 종자가 발아한다는 사실을 안 순간 충격에 휩싸였죠. '대체 이건 뭐지?' 하고 말입니다. 실제로 국지적으로 너무 심하지 않은 산불은 오히려 정말로 파괴적인 산불이 일어나지 않게끔 숲에 적재되는 '연료'가 위험 수위에 도달하기 전에 미리미리 없애는 역할을 한답니다. 그러니까 적당히 가끔씩 태워지는 건 심지어 숲에 도움이 된다는 것이죠.

이런 식으로, 해가 되는 줄로만 알았던 어떤 힘이 더 큰 차원에서는 득이 되기도 한다는 걸 알 때 세상을 보는 눈은 조금 더 깊어지는 듯합니다. 습지로 다시 눈을 돌려 보죠. 예전 방송을 들었다면, 상류의 물질이 물로 운반되다가 하류에 골고루 쌓이면서 습지가 만들어진다는 걸 기억할 것입니다. 그런데 이 물질들은 결국 강변이나 바닥으로부터 깎여 온 것들입니다. 이런 침식 작용은 물이 흐르는 곳이면 어디든 일어나게 돼 있죠. 침식 때문에 상류의 어느 습지는 깎이지만 하류의 어느 습지는 생기는 것입니다. 뭔가를 깎아 없애면서 나오는 재료를 갖고 다른 뭔가를 쌓아 만드는 일이죠. 사실 지극히 당연한 일입니다. 재료라는 게 그냥 하늘에서 뚝 떨어지진 않잖아요? 또한 침식돼 운반된 침전물이 그냥 똑바로 가라앉아 쌓이기만 한다면 조성이 균질한 습지만 만들어질 것입니다. 그러나 침식은 물의 움직임을 의미합니다. 강의 출렁거림과 연안의 파도는 영양분이 풍부한 충적토를 마치 양념을 버무리는 손처럼 다시 잘 섞어서 배분해 주는 역할을 합니다. 데친 나물 위에다 파, 마늘, 소금을 그냥 뿌려 놓기만 하면 되나요? 비닐 장갑을 끼든지 해서 손으로 구석구석 주물러야 합니다. 마찬가지이죠. 얼핏 망치는 것 같지만, 실은 재창조를 하는 것이랍니다.

습지의 독특한 정체성을 제대로 이해하고 음미하기 위해서는 습지가 교란과 얼마나 긴밀하게 얽혀 있는지를 알아야 합니다. 일반적으로 교란이라 하면 뭔가를 엉망으로 헤집어 놓는 걸 의미합니다. 그러니까 일종의 파괴적인 작용이라 할 수 있습니다. 누군가가 나의 소중한 연인이나 친구 관계를 교란시키려 한다면 그 누가 반기겠습니까? 안정을 숭상하는 우리가 정상 상태에 균열을 가져오는 이런 교란을 좋게 볼 리 만무하죠. 그러나 자연계 전체라는 더 큰 시각으로 보면 교란은 무척이나 필수적인 작용입니다. 교란은 얼핏 파괴하는 것으로만 보이지만, 실은 현재를 압도하고 있는 정상 상태에 균열을 가해 다른 생명 현상에 기회를 만들어 내는 힘이기도 하거든요. 이는 습지에서 더더욱 두드러집니다.

심지어는 태풍이나 돌풍처럼 확연히 파괴적인 기상 현상조차 물질이 순환하고 재생할 기회를 제공하는 데 한몫합니다. 태풍이 넘어뜨린 나무의 자리에서는 그동안 나무 그늘에 가려져 있던 식물들이 갑작스럽게 새날을 맞이해 눈을 비비며 생장에 박차를 가합니다. 태풍이 동반한 폭우는 수위를 급격히 높이기 때문에 짠물이 바다로부터 넘쳐흘러 강으로 들어오기도 하고, 다시금 내륙의 불어난 빗물에 중화되기도 합니다. 이 과정에서 오랫동안 쌓여 경화돼 가던 침전물은 마치 믹서에 넣은 것처럼 신선하게 뒤섞여 여기저기로 분산됩니다. 태풍의 난리 통이 잦아들면, 완전히 새롭게 조직 개편된 땅이 새로운 삶의 무대로 탈바꿈합니다. 잠시 비바람을 피해 숨었던 동물들도 하나둘씩 은신처에서 나와 하늘이 짜 준 새 판에 기꺼이 가담합니다. 어떤 식으로 마구 흔들어 섞어 뿌려 놔도 아름답고 살기 좋기만 한 곳. 바로 습지입니다.

영양분에 대해서도 이러한 양면성이 존재한답니다. 풍부한 물과 영양분 덕분에 습지는 생명 활동이 왕성합니다. 지구 어떤 서식지보다 1차 생산량, 즉 생태계의 근간인 식물들이 자라나는 총량이 가장 높습니다. 열대 우림보다도 높으니 한마디로 어마어마한 생산성이죠. 이렇게 왕성한 생산 능력은 땅이 비옥해질수록 더 높아집니다. 당연한 이야기이죠. 그런데 희한한 사실은, 땅이 비옥해질수록 오히려 그곳에 사는 생명체의 다양성은 낮아진다는 것입니다. 영양분이 많아질수록 다들 더 잘 살아야 맞는 것 아니냐고요? 네, 맞습니다. 양적으로는 잘 삽니다. 소수의 우점 종은 잘 살죠. 잘 나가는 몇몇 종들에게는 힘을 마음껏 발휘하기에 안성맞춤인 상황이 되기 때문입니다. 대신에 질적으로는, 그러니까 만약 다양성을 질로 본다면 오히려 떨어집니다. 땅이 비옥해진 덕분에 안 그래도 센 놈들이 더 잘 자란다면 이들한테 치이는 약한 애들은 다 죽어 나가기 때문이죠. 자, 이 신기한 현상을 다시 곱씹어 봅시다. 비옥해질수록 생산 능력은 높아지지만 다양성은 낮아진다는 원리를 말입니다.

모든 습지가 물을 충분히 공급받는 건 아닙니다. 개중에는 조금씩 녹는 빙하, 어쩌다 내리는 빗물, 조금씩 솟는 지하수에만 의존하는 각종 습지가 있습니다. 이런 곳들은 같은 습지라도 대평야를 가르는 강변의 범람원과는 비교도 안 되게 영양분이 적습니다. 오히려 다른 곳보다 열악한 곳들이죠. 그래서 가축 분뇨같이 고농도의 영양 물질이 갑자기 유입되면 감당을 못 해 생태가 파괴되기도 한답니다. 바로 이걸 일컬어 부영양화라 하죠. 원래 상태보다 영양분이 너무 많아져서 문제가 되는 현상. 그만큼 여기에 사는 생명체는 물과 유기물이 아주 조금씩 공급되는 체계에 맞춰 적응한 것입니다. 그런데 바로 이렇게 열악한 습지일수록, 비옥하지 않은 습지일수록 다른 데에서는 볼 수 없는 특별한 종이 산답니다. 가령 벌레를 잡아먹는 식충 식물 같은 생명체이죠. 애초에 왜 벌레를 먹는지 아세요? 일반 식물처럼 먹고 살기는 어려운 곳에 있어서입니다. 식물이 살아가는

데 필수 원소인 인과 질소를 일반적인 흙에서처럼 찾을 수 없어 이를 해결하기 위해 전혀 다른 방법을 강구한 것입니다. 바로 곤충에서 찾은 것이죠! 어렸을 때 처음 알고 우리 얼마나 놀랐습니까? 세상에, 곤충을 먹는 식물이 다 있다니! 이런 놀라운 생명체는 오히려 영양분이 적어 살기 어려운 곳에서 진화가 내놓은 작품입니다.

이 얼마나 위대한 자연의 원리입니까? 비옥하면 비옥한 대로, 열악하면 열악한 대로 생명은 그에 맞춰 꽃을 피우고 벌레를 잡아먹습니다. 어려운 환경에 적응한 습지 식물은 생장의 속도도 더딥니다. 빨리 자라서 뭐합니까? 애초에 조금씩 자라는 걸로 맞춰 사는 게 좋죠. 이런 애들은 귀할 수밖에 없죠. 남들은 못 견디는 바로 그 조건에서만 그들은 살 수 있거든요. 그러다 보니 어떻게 되겠습니까? 네, 그렇습니다. 결과적으로 생겨나는 것은 다름 아닌 다양성입니다. 지구의 찬란한 생물 다양성 말입니다. 다음부터 파리지옥이나 끈끈이주걱을 보면 그들을 탄생시킨 습지를 기억해 주십시오.

독특하고 다양한 종이 살려면 아주 비옥한 곳에서부터 아주 열악한 곳까지 광범위한 옵션의 서식지가 제공되어야 합니다. 이런 넓은 서식지 스펙트럼을 구비하며 끝없이 탈바꿈하는 세계, 다름 아닌 습지입니다. 물과 영양분을 섞고 재분배하고 무수한 교란 작용과 더불어 춤추는 습지는 그 과정을 통해 비옥함과 열악함의 모자이크를 계속해서 직조해 나갑니다. 잘 나가는 자와 별로 그렇지 못한 자가 공존하는 곳. 개성이 넘치고 개인 각자가 다 소중한 여러분에게 필요한 그런 세상이 아니겠습니까. 양지바르지 못하고 음한 곳이라 치부되는 습지가 창조하는 세상이기도 합니다. 오늘은 여기서 인사드리겠습니다. 감사합니다.

# 11장

엄청 느린 속도로 걷는 할머니. 폐지를 잔뜩 실은 리어카 끄는 아저씨. 어이없게 미래적인 기계를 타고 다니는데 아무도 눈길을 안 주는 요구르트 판매원 아주머니. 음, 드디어 거리에 아무도 없군. 구경은 이제 그만. 하릴없이 창가에 서 있던 것을 멈추고 다시 휴대폰이 놓인 책상으로 돌아왔다. 어차피 연락할 거면서 괜히 시간을 끌고 있었다. 내가 이렇다. 한번 마음이 동하면 결국은 하고 마는 자신을 잘 알면서도, 고민하는 시늉을 해야지만 직성이 풀리는 그런 놈이다. 오케이, 그럼 한다. 에라, 모르겠다. 보내기!

안녕하세요, 답장이 너무 늦어 죄송합니다. 그때 카페에서 장난감 부러진 것 때문에 마음고생을 많이 하셨을 텐데 이제 신경 안 쓰셔도 되겠습니다. 왜 그런지 상황도 설명드릴 겸, 실은 한 가지 부탁드릴 것도 있는데 잠깐 뵐 수 있을까요? 큰일은 아니니 부담 없이 편하게 알려 주시면 감사하겠습니다.

이런 식으로 보낸 문자는 다시 보면 언제나 오점투성이다. 특히 마지막 문장은 완전 에라. 얼마나 켕기면 '부담 없이', '편하게' 따위의 안전 장치를 이중 삼중으로 처발랐을까. 완전 추근대는 것 같잖아? 이 문자를 보고도 그러자고 하면 기적이다, 기적. 다른 의도가 있는 것도 아닌데 왜 이러는지. 스스로를 오래 관찰해 본 바에 따르면 내가 본의 아니게 허둥대는 가장 큰 원인은 사람들이 무관심을 지나치게 정상 상태로 보기 때문이었다. 반대로 말하면 관심을 지나치게 특수한 경우로 본다는 것이다. 나는 예전부터 이것이 조금도 이해되지 않았다. 정도의 차이가 있어서 그렇지 이성이라면 아주 약간이라도 관심이 가지 않나? 물론 완전히 '나가리'인 사람은 빼고. 나는 아주 어릴 적부터 이성이면 만나는 순간부터 한 방에 줄달음쳐 같이 사는 모습까지 상상하곤 했다. '재랑 함께 오순도순 요리하는 모습…… 음, 그림이 안 그려지는군.' 이런 식으로 말이다. 제대로 사랑에 빠지는 일이야 드물지만 감각이 살아 있는 이상 안테나에 무언가 잡히는 것이 당연했다.

그런데 정작 사회에 나가 보았더니 웬걸, 상황은 정반대였다. 나를 제외한 모든 사람은 마치 그 누구에게도 털끝만큼의 관심도 없다는 듯 행동했다. 아니 적어도 그렇게 행동하는 것이 옳다고 여기는 것이 분명했다. 마치 웬만한 필부필부는 아예 상대로서 인식조차 되지 않아야 정상인 듯한 문화가 확고히 자리 잡고 있었다. 많든 적든 관심을 밖으로 드러내거나 인정한다는 것은 일종의 야만적인 행위이자, 관련자들이 속한 공동체의 온전함을 해하는 것으로 이해되고 있었다. 특히 이 사람, 저 사람 등 한 명 이상에 두루두루 걸친 관심은 입에 담을 수도 없는 만행. 만인의 만인에 대한 성적 무관심이 정상인 것은 물론 하나의 윤리라 할 수 있었다. 그래서 사람들은 언제나 자신의 주변이 아닌 먼 곳의 상대를 고려한다는 점을 분명히 했다. 바로 옆에 누가 있어도 그는 언제나 논외의 대상. 적어도 겉으로는 말이다. 싱글인 사람들, 그들끼리는 누군가를 소개해 달라는 요청을 언제나 주고받는다. 그러지 말고 그냥 자기네끼리 만나면 안 되나? 또한 그 대단한 '소개'의 힘이 대체 뭔지 나는 알 수 없었다. 평상시에는 무관심의 철가면을 철저히 쓰고 다녀야 하지만, 누군가의 소개를 거치는 순간부터 이성으로 대하는 것이 허락되었다. 그러니까 '소개'로 만나면 비로소 그를 '이성으로 보는' 것을 대놓고 시작할 수 있었다. 그렇다. 나는 그 '이성으로 본다.'는 표현처럼 거북한 것이 없었다. 아니, 언제 문짝을 문짝으로 보기 시작하는 때가 있나?

이런 이야기를 술자리에서 나름 진솔하게 꺼내 본 적도 있지만 잘 된 적은 없었다. 오히려 말을 잘못 했다가 누구에게 우회적으로 접근한 것으로 오해당한 일도 있었으니 나 원 참. 분명한 것은 사람들이 자신의 마음을 매우 철저하게 관리하며 산다는 것이었다. 그러고는 남들도 그러리라 기대했다. 하지만 내 마음과 감각은 대지에 스며드는 물처럼 연속적이고 보편적인 것이었다. 그래서 세상이 어떻든 나는 나답게 살기로 마음먹고 자연스럽게 행동하기로 했다. 하지만 이 사회에 속한 이상 어떻게 한들 늘 어색함이 따랐다. 오늘처럼 말이다.

그런데 이런 찝찝함을 무릅쓰고 이례적인 연락을 한 데에는 사실 '다른 의도'가 있기는 했다. 좀 다른, 다른 의도가. 다름이 아니라 정말로 그분에게 부탁할 것이 하나 생겼기 때문이다. 대단한 것은 아니었다. 하지만 그렇다고 아주 일반적인 것도 아니라서 그냥 전화로 하기는 좀 무엇한. 그러니까 내가 만들고 있는 그 영상에 출연해 달라는 부탁이었다. 아주 잠시만. 이상하게 생각할까? 하도 험한 세상인 데다 특히 방송이니 출연이니를 미끼로 벌어지는 안 좋은 일들이 많아 멀쩡한 사람마저 이상하게 여겨지기 십상이라. 뭐, 이제 하는 수 없지. 이미 돌은 던져졌으니. 가만있자. 주사위던가?

안녕하세요. 문자 잘 받았습니다. 그런데 정말 신경 안 써도 되나요? 그렇게 그냥 넘어가도 되는 건지 많이 죄송하네요. 제가 조카 데리러 그 카페 근처 어린이집에 매주 가는데 괜찮으시면 그쪽에서 뵈어도 되고요. 근데 거기 다시 가는 건 안 좋은 생각이겠죠? ^^;

사람 마음 참 희한하다. 정말로 사정 설명하고 출연을 부탁할 마음 외에 다른 의도는 없었는데, 상대방이 너무나 격의 없이 나오는 순간 정이 확 가니 말이다. 처음으로 내민 손짓에 시원하게 신뢰로 보답해 줄 때 이 현상은 더욱 두드러진다. 우리가 사는 곳이 이 나라라는 맥락도 여기에 한몫한다. 영상 작업을 위해 각종 영화를 참고하게 되는데, 살피다 보면 어떤 작품이든 공통적으로 한 가지 기본 원리에 의존한다는 것을 알게 된다. 그것은 모르는 사람들 간의 만남이다. 내내 아는 사람끼리만 복작대다가 끝나는 영화는 없다. 낯선 사람들이 어떻게든 만나지 않고서는 어느 이야기도 진행될 수 없다. 소개 같은 지극히 인공적인 장치 없이 당사자들의 의지로 성사되는 그런 만남 말이다. 그런 면에서 우리는 불리한 조건의 토양에서 살고 있다. 낯선 이들 간의 자연스러운 만남이라는 것이 도무지 일어나지 않기 때문이다. 모르는 누가 말을 걸었다 하면 그것은 무조건 이상한 사람이지, 설렘 가능성을 단 1퍼센트도 의미하지 않는다. 둘이 부딪혀서 떨어진 물건을 같이 줍는 것은 정말이지 제발 그만……. 그래서 여기를 배경으로 머리를 아무리 짜내도 웬만한 시나리오는 형편없이 작위

적이기만 하다. 더욱이 남녀 간이라면! 그렇기 때문에 국내의 모든 드라마와 영화는 아무런 현실적인 개연성이 없는 것이다. 반면 모르기는 몰라도 외국의 상황은 달라 보인다. 카페나 바에서 모르는 사람에게 말을 거는 일이 벌어지려면 실제로 벌어질 수 있는 곳들이다. 여기는 전혀 아니다. 하지만 이 와중에도 솟아날 구멍은 있나 보다. 참, 세상 살고 봐야 한다.

"열차가 들어오고 있습니다." 시간이 남아도는 날에는 교통이 불필요하게 잘 풀린다. 아직 40분이나 남았는데 차가 벌써 와 버리네. 참 나. 급할 때는 그렇게 안 오더만. 원래도 약속 시간을 잘 지키는 편이기는 하지만 오늘따라 왜 이리 오버해서 일찍 나왔는지. 음, 그럼 시간이 있으니 어떻게 말을 풀어 가면 좋을지 정리하면 되겠다. 나오는 대로 하려 했지만 이왕이면 정리를 해서 나쁠 것 없다. 잘못하면 이상하게 들릴 테니까.

잘 알지도 못하는 사이에 부탁이 있다고 했는데도 그에 대해 아무런 언급이 없다는 점이 일주일 내내 마음에 걸렸다. 거절이라면 문자로 당하는 편이 면전에서 당하는 것보다 아무래도 나은 것도 있다. 하지만 더 큰 문제는 아직 불확실한 부분을 가능하다고 전제해서 작품 구성을 확정 짓고 다른 대안은 생각도 않은 채로 작업했다는 점이다. 싫다고 하면 어쩌려고? 그 환경 단체에 작품을 넘겨야 하는 날까지 얼마 안 남은 상황에서 이것은 심히 위험한 자세였다. 하지만 나름 창조적인 일을 하다 보면 이런 배짱을 부릴 때가 가끔 있다. 아주 드물게 그놈의 영감이 떠올랐을 때. 그럴 때면 그냥 믿고 확실히 밀어붙여야 한다. 작품은 아마추어이면서 스타일은 할리우드 감독처럼 부리는 격인지 모르지만, 한 번씩 스스로에게 충실하지 않을 바에야 이런 분야의 일은 아예 안 하는 것이 낫다.

상업 영화도 아니고, 좋은 일 하는 단체의 영상에 잠깐 출연해 달라는 부탁은 분명히 이해할 것이다. 작품 취지와 스토리를 엉성한 대로 설명하는 것까지도 오케이. 문제는 왜 자기더러 나와 달라는 것이냐는 질문, 이것이 관건이었다. 며칠 동안 머리를 굴렸지만 사회적으로 용납 가능한 문장을 만드는 데 보기 좋게 실패하고 만 상태. 왜냐하면 결국은 그 말을 피해 갈 수 없으니까. 당신이 개구리와 닮아서라는 말. 아, 정말 욕이 아닌데 미치겠다. 기분 나쁘지 않게 전달할 방법이 없어서. 왜 사람들은 곰이나 고양이 등 극소수를 제외한 거의 모든 동물을 자신에게 빗대면 기분 나빠하는지 모를 일이다. 그런 분위기이다 보니 지금처럼 그토록 정당한 말을 해야 하는 경우에도 이토록 곤란한 것이 아닌가? 작품의 주제도 주제이지만, 정말로 개구리 자체가 좋고 미학적으로도 훌륭하다는 생각을 전제로 하는 말인데 어떻게 용을 써도 불쾌감의 효과를 빗겨 갈 방법이 없으니 정녕 돌아가실 일이었다. 앗, 이런 젠장. 10분밖에 안 남았네. 다 끝났다. 끝. 모든 것이.

"안녕하세요. 잘 지내셨나요? 그냥 저쪽에 보이는 저기에 갈까 하는

데 괜찮나요? 네, 그럼 그러시죠. 조카는 잘 있고요? 요 근처 어린이집이라고요? 그런 게 있는지도 몰랐네요."

괜한 인사와 안부를 연거푸 쏟아내며 시작한 덕분에 초반부터 대화의 페이스 조절에 심각한 무리가 오고 있었다. 상대방이 이야기하게끔 해야지, 내 말이 많아질수록 설득력이 약해지는 법이거늘. 그렇다고 멈출 수도 없어 나는 내친김에 다 뱉아냈다. 카페를 그만둔 경위, 사장님의 부당한 처사, 잉여 수준인 장난감의 양, 배상의 불필요함과 부적절함. 심지어는 배상하지 않는 것의 정당함까지. 본론으로 한창 익어 가던 참에 대뜸 질문이 들어왔다.

"그런데 그 부탁이라는 건 뭐죠? 이 일과 관련된 건지 궁금해서요."

역시 마음에 두고 있었구나! 일단 아예 생각도 안 하는 것에 비해서는 좋은 신호였다. 이야기할 판을 알아서 깔아 주니까. 그런데 관련이 있느냐고?

"그걸로 배상까지 할 것 있느냐고 했더니 사장님이 저더러 그렇게 물렁하면 안 된다고 했습니다. 이상하게 그 말에 꽂히더라고요. 사실 저라는 사람을 정확하게 묘사하는 말이었거든요, 물렁하다는 게. 그전까지는 저도 제 물렁함을 안 좋게 생각했어요. 전 영상을 만드는 일을 하는데 맨날 나만의 작품을 만들어야지 말만 하고 늘 미루고, 반드시 해야 되는 것도 없고, 물 따라 바람 따라 사는 스타일이거든요. 그런데 사장님의 그 한마디를 들으니까 오히려 그런 저 자신을 긍정적으로 보게 됐어요. 난생 처음으로요. 잘못된 곳에서 나온 말이라서 그랬나 봐요. 어른이 갖고 놀지도 않을 장난감을 잔뜩 쌓아 놓은 거나, 사장님의 쩨쩨함이나, 뭔가…… 자연스러운 순리를 막는 세력인 것만 같더라고요. 그만두는 것도 제 스타일대로 그냥 안 나갔죠. 돈이야 어차피 얼마 되지도 않고."

듣고 있기는 한 것인가? 입은 나불대고 있었지만 눈으로는 반응을 살피고 있었다. 뭐, 관객의 반응이 시큰둥하더라도 이제 와서 어쩔 수 없었다. 일단 시작을 했으니 끝을 보는 수밖에.

"마침 새로운 일거리를 하나 받았는데 예사롭지 않았어요. 개구리나 두꺼비가 길을 안전하게 건너게 어떤 환경 단체에서 무슨 통로를 설치해 주는데, 이걸로 영상을 만들어 달라는 건이었습니다. 워낙 생소한 이야기라 막막하기만 했죠. 그래서 또 습관처럼 묵혀 두고 있었는데, 알바를 그만둔 다음 날부터 생각나는 거예요. 계속해서요. 개구리랑 마주치기도 했고요. 이야기를 처음 들었을 때는 어이없다고 생각했죠. 길이야 차 다니라고 깔아 놓은 건데 어쩌라고? 이런 식으로요. 그런데 그것도 억지일 수 있겠구나 하는 생각이 어느 순간 든 겁니다. 누군가에게는 통하는 것이, 다른 누군가에게는 막히는 거라면 말이죠. 실제로 개구리가 도로 쪽으로 나가는 걸 우연히 봤는데 그때 확실히 느꼈어요. 얼마나 말이 안 되는지."

눈을 내리까는 것은 결코 좋은 신호가 아닌데. 문자 보나? 아니겠지?

"그러다 질문이 생겼어요. 왜 기어코 다른 곳으로 가려는 거지? 찾아보니까 원래 물과 땅 둘 다 오가며 산다더라고요. 그래서 이름이 양서류라고. 기본적인 사실인데 깨닫지 못하고 있었죠. 동시에 또 깨달았어요. 그래서 걔네들이 물컹하다는 걸. 피부 호흡인지 뭔지도 다 그래서 하는 거였는데. 그러니까 물을 찾으려면 돌아다닐 수밖에 없었던 겁니다. 아무래도 땅보다는 물이 귀하니까요. 만약 물로 가는 길이 막히면 그들도 막히는 거고, 삶은 불가능해집니다. 이게 제게 엄청 와 닿았어요. 알고 보면 저도 언제나 물을 찾으며 살았거든요. 아니 정말이에요. 경치를 보다 보면 물을

찾고, 발견하면 혼자 흥분하고 그랬어요. 그래서 이런 내용을 갖고 작품을 하게 되었답니다. 그리고 실은 이 작품에 잠시만 출연해 주셨으면 해서 이렇게 뵙자고 한 겁니다. 이…… 이해가 되실지 모르겠네요."

털어 냈다는 후련함도 잠시, 첫 반응의 공포가 바로 엄습해 왔다. 저기 밀려왔다. 먹구름이.

"아, 네. 완전히 다는 아니지만 무슨 말인지는 알 것 같네요. 실은…… 상관있는지 모르지만 예전에 제가 집 앞에 횡단 보도를 설치해 달라고 민원을 넣은 적이 있거든요. 갑자기 그 기억이 떠올라서요. 그런데 왜 하필 저인가요?"

"저, 정말 죄송한데요. 기분 나쁘지 않게 들어 주셨으면 합니다. 개…… 개구리를 닮으셔서요."

됐다. 하고 말았다. 걱정되던 일은 그 결과야 어떻든 얼른 해치워 버리는 것이 중요하다. 기쁨이든 슬픔이든 모든 것으로부터 벗어난 자유가 궁극의 목표이다. 얼른 거절당할 것 당하고 빨리 집에나 가자. 엥? 그런데 저건…… 설마 엷은 미소는 아니겠지?

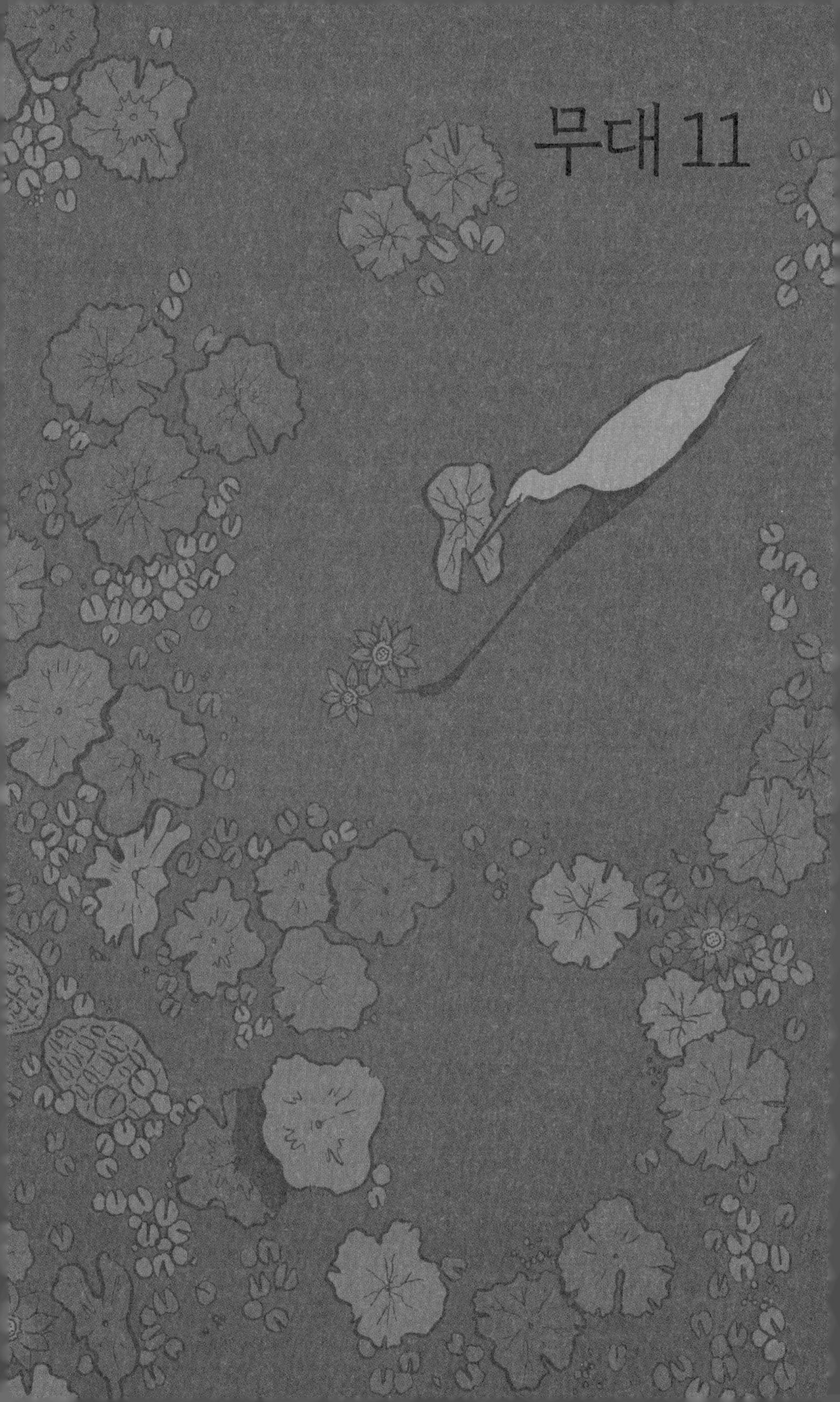

# 무대 11

여러분 안녕하십니까, 「반쯤 잠긴 무대」입니다. 다시 만나게 돼서 진심으로 반갑습니다. 살다 보면 억지로 또는 썩 마음이 동하지 않아도 해야 하는 일들이 있죠. 어쩌면 대부분의 일들을 해야 하기 때문에 하는 좀 슬픈 세상인지도 모르겠습니다. 하지만 적어도 이 방송은 제게 전혀 그렇지 않다는 것을 꼭 말씀드리고 싶습니다. 그 정도가 아니죠. 그동안 살면서 가장 잘 한 몇 가지 일 중 하나랍니다. 가장 큰 이유는 이 무대를 통해 세상에서 소중한 무언가의 가치를 함께 재발견하게 됐다는 것입니다. 갈수록 진짜로 소중하고, 진짜로 중요한 게 없어지는 요즘 세상이라 더욱 절실합니다.

여기서 키워드는 두 가지입니다. '함께'와 '가치'. 예전부터 저를 알던 사람이 이걸 들으면 아마 놀랄 것입니다. '저 놈이 뭐? 함께라고라고라?' 이런 방송을 한다고 저를 사회적인 성격의 소유자라 생각하셨을 수도 있지만 실상은 정반대입니다. 웬만해서는 혼자 있길 원하는 스타일이죠. 길을 가다 누군가와 보조가 비슷해져서 같이 걷게 될 때 있죠? 아니면 식당에서 다 가만있다가 하필 동시에 화장실 가려고 한꺼번에 일어난다든가? 저는 그런 걸 질색했습니다. 그런 제가 어떤 가치를 함께 받드는 걸 예찬하게 된 건 지극히 단순한 사실을 깨달은 덕분이었습니다. 혼자 사는 게 아니라는 그 당연한 사실 말입니다. 한둘 말고 여럿이 뭘 원하는지에 따라 세상이 좌지우지된다는 걸 남들보다 한참 늦게 알아차렸답니다.

가장 결정적인 계기는 동네 뒷산에서 겪은 일이었습니다. 새벽에 우지끈 하는 소리가 나서 밖을 내다봤더니 나무 한 그루가 쓰러져 있더라고요. 그 나무가 쓰러지면서 한 주택의 담장을 약간 무너뜨리는 바람에 결국 그날 오후에 구청 직원들이 전기톱 들고 사다리차 타고 나타났죠. 그렇게 넘어간 나무를 베어서 치우는 것까지는 좋았는데 문제는 온 김에 주변의 다른 나무들에도 손을 댔다는 것입니다. 저기도, 여기도, 아 요 옆치기도 좀. 마치 미용실 손님처럼 주민들이 해 달라는 대로 다 깎아 주더라고요. 너무한다 싶어서 밖으로 나가 한마디 했죠. 그만 좀 자르라고. 그랬더니 구청 직원은 물론, 주민들까지 모두 합세해서 제게 집중 포화를 퍼붓는 게 아니겠습니까? 우수수 잘려 떨어지는 멀쩡한 나뭇잎과 가지를 보면서 그런 생각이 들었습니다. 절대 다수가 세상을 이런 방식으로 운영하고 싶다면 별수 없구나! 그 북새통에 모인 이들 중 원군이 한둘이라도 있었다면 제가 그토록 고독하고 미약하게 느껴지진 않았을 것입니다. 함께 한다는 것, 그거 정말 중요하더라고요.

두 번째는 가치입니다. 가치가 뭔지, 그에 대한 간단한 해답이 있으리라곤 당연히 기대도 안 하실 테니 굳이 긴 말을 늘어놓지는 않겠습니다. 다만 가치를 말할 때 너무 자주, 당연하단 듯 등장하는 개념에 관해선 이야기할까 합니다. 그것은 다름 아닌 기능적인 가치입니다. 무엇이 얼마나 쓸모가 있느냐에 대한 이야기이죠. 먹을 수 있거나 뭔가의 재료로 쓰이거나 돈이 되거나 하면 오케이. 그렇지 못하면 제 밥벌이도 못하는 거니까 없어져도 싼 것. 이런 사고 방식의 핵심입니다. 일상에서 가치라는 말이

'부가 가치세'와 같은 용례 외에는 잘 등장하지도 않는 걸 보면 말 다 한 것이죠. 고귀한 가치의 개념이 이렇게밖에 회자되지 않는 작금의 현실이 참으로 개탄스럽습니다. 사정이 이렇다 보니 어느 분야의 무엇이든 저마다 얼마나 사회에 기여하는지를 증명하는 데 열중합니다. 아주 기능적인 시각에서 말이죠. 취업으로 연결되는 교육이어야 진정한 대학 교육이라고 보잖아요? 문제는 우리끼리만 서로 이런 짓을 하면 모를까, 영문도 모르는 자연에게도 똑같은 소리를 한다는 것입니다.

말하자면 이런 식이죠. 멸종 위기 종 A를 보호합시다! 왜요? 공기를 정화하거든요. 아 그렇군요. 좋습니다. B도 살립시다! 걔도 공기를 정화해 주나요? 아…… 아뇨, 그냥 귀여워서. 에이 그럼 아니죠. '나가리'네. 감이 오시죠? 아주 단순화하면 이런 식의 논리가 자연을 주제로 한 많은 논의에 횡행하고 있습니다. 사회의 전반적인 분위기와 같이 가는 것이죠. 당장 돈벌이가 안 되는 건 다 필요 없다는 식이니까요. 그렇다 보니 언제부턴가 자연의 가치를 이야기하거나 환경을 변호하려면 이런 논거부터 제시하는 게 정답처럼 됐습니다. 아예 서식지 통째로 경제적 가치를 돈으로 환산하기도 하고, 급기야는 '생태계 서비스'라는 개념도 만들어서 사용하고 있죠. 한마디로 생태계 덕분에 우리가 누리는 것들을 높이 사자는 취지입니다. 무슨 의미인지는 알겠지만 서비스라뇨. 생명을 잉태하는 대자연의 품에 안겨 사는 주제에 말이죠. 부모님의 은혜를 서비스라 부르면 어떻겠습니까? 불경스럽기 짝이 없죠.

사실은 사실입니다. 우리가 자연에 의지하고 있는 게 얼마나 많은데요. 거의 다라 해도 과언이 아니죠. 하지만 뭔가를 해 주기 때문에 가치가 있다? 얼마나 편협한 사상입니까! 그럼 오늘날 별 쓸모없는 유물이나 문화재는? 서랍 속에 보관해 둔 편지와 일기는? 겨레의 얼이나 삶의 신조 같은 정신적인 것들은? 우리 각자에게도 같은 시선을 적용해 보십시오. 얼마나 삭막하고 숨 막히는지. 큰 회사를 운영해서 많은 직원을 고용하는 사장님은 사회에 크게 기여하니 좋고, 단칸방에 앉아 글 쓰는 시인은 본인을 포함해 아무에게도 별 쓸모가 없으니 가치가 적다. 어떻습니까? 저는 물론이고 아마 여러분 가운데에도 전자보다는 후자에 속하는 사람이 많을 텐데 당연히 동의할 수 없죠. 물론 이 모두 넓은 의미에서 기능이 있다고 말을 갖다 붙일 순 있겠죠. 하지만 그럴 거면 굳이 기능이라 부를 필요는 없습니다. 오히려 그냥 가치라 하는 편이 낫습니다. 기능적이지 않은 가치이죠.

아무리 부당해 보여도 인간 세상에다 대고 이런 소리를 하는 건 그나마 낫습니다. 기회의 균등이니 뭐니 다 헛소리라 생각하더라도, 그래도 사람에겐 일말의 권리와 존엄성이 주어집니다. 사회적 기능이 없는 허약하고 병든 자라도 불우 이웃으로서 남에게 도움을 받을 수도 있죠. 그런데 자연은? 언제 그들이 이런 인간 본위의 작위적 게임 법칙에 동의한

적이 있습니까? 서식지나 동식물에게 기능적 가치를 요구하는 그런 편협한 개념은 인간의 언어가 탄생하기도 훨씬 전부터 있어 온 존재들의 유구한 역사와 실재를 깡그리 무시하는 무식하고 무례한 처사를 저지르는 것입니다. 게다가 배은망덕합니다. 문명은 여전히 자연에 완전하게 의존하는데 그 자연에다 대고 무슨 기능이 있느냐고 묻는다는 게. 동물의 언어를 통역하는 기계가 개발됐다고 치고, 아무 종이나 붙잡고 인터뷰한다고 상상해 봅시다. "거북 씨, 본인이 세상에 어떤 기여를 한다고 생각하십니까?" "저…… 저요? 글쎄요…… 가만있어 보자. 수년 전에 뭔가 떠오른 적이 있긴 있었는데……." 일단 대답부터 너무 느려서 속 터질 것입니다.

이 이야기를 너무 길게 끌지는 않겠습니다. 바로 이런 이유로 저는 「반쯤 잠긴 무대」에서 이런 종류의 논의를 피해 왔습니다. 생각해 보십시오. 오직 한 가지, 습지에 대해서 말하려고 이 일을 사서 하는 제가 여태껏 습지의 기능에 대해서 할 말이 없어서 안 했겠습니까? 더 많은 사람들에게 습지의 소중함을 알리고 그들도 습지를 좋아하게끔 만들려면 그 이야기들부터 대거 동원했어야 하지 않을까요? 결코 이야깃거리가 없어서가

아닙니다. 오히려 차고 넘칩니다! 이따가 잠시 언급은 하겠지만 습지가 가져다주는 혜택은 이루 말할 수 없습니다.

그럼에도 불구하고 그런 말로 시작할 순 없었습니다. 아니, 하고 싶지 않았습니다. 그랬다면 방금 제가 비판한 행동을 저 스스로 하는 셈이 됐겠죠. 처음부터 무엇을 제공할 수 있는 사람으로 자신을 어필하게 되면 끝까지 그걸 제공해야 하는 자가 되는 것입니다. 제공할 수도 있죠, 물론. 하지만 그것이 궁극적인 목적이나 정체성의 핵심이 돼서는 안 됩니다. 더욱이 정보나 지식이 완전하게 구비된 것도 아닙니다. 긴팔원숭이가 인도네시아의 밀림 생태계에 무슨 기여를 하는지 정확히 아는 사람은 아무도 없습니다. 이 동물에 대해 박사 학위 연구를 한 저조차 제가 관찰한 세 그룹에 한해서 그들의 먹이 생태와 행동을 아주 약간 안다고 말할 수 있을 뿐입니다. 그런데 생명체가 지구 전체에 몇 종이나 있습니까? 이들 각각의 생태적 역할이 그래도 제법 연구됐을 걸로 생각하신다면 과학을 너무 과대평가하시는 것입니다. 거의 아무것도 알려져 있지 않다고 하는 편이 정답에 가깝습니다. 그러니 동식물을 두고 기능적인 근거로 가치를 말하려는 시도는 출발부터 잘못을 저지르고 있는 것입니다. 제가 『비숲』(사이언스북스, 2015년)에서 했던 말을 인용하겠습니다. "존재는 기능주의적 근거로 자신을 증명해야 할 의무가 없다." 네, 저는 그렇게 생각합니다. 우리의 반쯤 잠긴 무대인 습지도 그렇고요.

습지. 그것은 대체 어떤 기능을 하는가? 아까 제가 차고 넘친다고 말했죠. 그러니 오히려 짧게 간추려서 말씀드리겠습니다. 소개할 게 많은데 아예 아무것도 소개하지 않는 것 또한 일종의 변태적인 자세이니까요. 우선 습지는 너무도 당연히 물을 저장합니다. 사실 이거 하나만으로 '게임

오버'입니다. 생명체에게는 결국 물이 제일 중요하니까요. 빗물, 지표수, 지하수 등 다양한 물이 습지에 다 모입니다. 이 자연의 물탱크에 어떤 물이 얼마나 흘러오고 나가느냐에 따라 수위가 변화합니다. 그냥 모아 주는 것도 고마운데 심지어 수질 정화까지 해 줍니다. 습지의 수질 정화 기능은 아주 유명하죠. 온갖 부유물, 중금속, 유해성 병원균 등의 오염 물질을 물에서 제거하고 침전시킵니다. 복잡한 화학식 같은 거 일일이 알지 못해도 저번에 우리가 미니 우주선을 타고 물속을 여행했던 걸 상상하면 아마 이해가 갈 것입니다. 온갖 물질이 물에 풀리고 섞이고, 습지 동식물에 의해 흡수되고 쌓이고 하면서 처리되는 셈이죠. 습지를 일컬어 지구의 필터라 하는 데에는 그만한 이유가 있습니다. 특히 생명체가 유기물을 이용하는 속도보다 분해되는 속도가 느린 습지에서는 바닥에 이탄(peat)이 형성되면서 질소와 중금속이 차지게 쌓입니다. 분해는 산소가 있어야 잘 되는데 습지 밑바닥은 물 때문에 용존 산소량이 낮아 쌓인 것들이 잘 썩지를 않습니다. 안 썩으면 잘 쌓이겠죠? 쌓이면서 그 안에 온갖 게 편입되는 것입니다.

습지의 질소 조절 작용은 별도로 짚고 넘어가야 합니다. 질소는 좀 희한한 원소입니다. 대기의 구성 성분 중에서 제일 많은 것이 질소인데, 기체 상태로는 생명체가 사용할 수 없습니다. 그런데 단백질을 이루는 아미노산의 필수 성분이 바로 질소이죠. 그러니까 필요한 게 널렸는데 바로 쓸 수는 없는 상황입니다. 기체 질소를 생명체들이 이용할 수 있는 형태로 변환하려면 엽록소를 가진 남세균(cyanobacteria)이 이것을 '고정'해야 합니다. 그런데 산소가 없는 환경이어야 이 세균이 공기 중의 질소를 암모니아로 바꿔 줍니다. 바로 이런 무산소 또는 저산소 환경이 풍부한 곳이 어딜까요? 그렇죠. 답은 습지입니다. 습지 바닥의 흙, 습지 식물의 뿌리 그리고 물 전반에 걸쳐 산소의 양이 제각각이기 때문에, 습지는 암모니아-질산염-기체 질소 사이를 왔다 갔다 하게 해 주는 여러 산화·환원 작용이 일어나기에 최적의 공간입니다. 다른 말로 하면, 공기 중 질소를 잡기도 하고 수중 질소를 무해한 기체 질소로 변환하기도 한다는 것입니다. 가령 축산 폐수가 강에 흘러 들어오면 위험합니다. 그전까지 없었던 질소가 대량 공급되면서 생명체가 삽시간에 번성하기 때문이죠. 호흡과 분해가 폭증하면서 수중에 산소가 없어지는 부영양화 현상을 초래합니다. 습지는 바로 이런 현상을 조절해 줍니다. 질소 저장고이자 처리 공장으로서 말이죠.

조금 어려웠나요? 그래도 이런 거 하나 정도는 조금 자세히 들여다보는 게 좋습니다. 그럼 이번에는 직관적으로 더 이해하기 쉬운 이야기로 넘어가 보죠. 어쩌다 들어 보셨겠지만 최근 각광을 받은 사안은 바로 습지가 홍수 대응 체계라는 점입니다. 캬하! 아까 열거한 것만으로도 이 은혜를 어떻게 갚아야 할지 몸 둘 바를 모르겠는데 뭐? 홍수 피해 경감까지? 네, 아까 말했죠? 습지는 이 정도입니다. 설거지할 때 쓰는 스펀지 아시죠? 습지를 스펀지처럼 이해하면 편합니다. 홍수가 발생해 물이 넘쳐 나면 습지는 잉여의 물을 쭉 흡수합니다. 습지에 사는 애들이야 물에 익숙해서 왕창 죽거나 하지 않습니다. 습지가 물을 많이 머금어 준 덕분에 물이 다른 데로 확 몰리는 일이 없죠. 그러다 비가 멈추면 습지가 가득 품고 있던 물이 옆의 빈 곳으로 점점 흘러 빠집니다. 즉 많으면 흡수, 적으면 배수. 참 기가 막힌 자연의 체계이죠.

습지가 강변이나 해변에 많이 있다 보니 거기서도 눈부신 활약을 합니다. 바로 침식을 조절하거든요. 수변에 난 식물은 뿌리로 토양을 잡아 주고, 파도의 운동 에너지를 흡수하고, 물의 유속을 감소시킴으로써 강변과 해안선을 침식으로부터 보호합니다. 또한 습지 식물은 퇴적물을 고정해 습지의 수면을 얕게 유지시켜 주고, 육지를 향해 들이닥치는 파도나 해일의 영향력을 줄여 줍니다. 그래 봤자 쓰나미가 오면 속수무책이겠지? 천만의 말씀입니다. 오히려 습지를 없애면 쓰나미에 호되게 당합니다. 사상 최악의 쓰나미라 불리는 2004년 인도양 쓰나미는 아시아 전역에서 23만 명의 생명을 앗아 갔습니다. 그런데 쓰나미가 발생하기 전까지 피해 지역에서 개발이 이뤄지면서 그곳의 해변 습지, 특히 맹그로브 숲이 광범위하게 사라졌답니다. 쓰나미 발생 1년 전 한 시뮬레이션 연구에 따르면 100제곱미터당 30그루 정도가 있는 맹그로브 숲이 그대로 있었다면 쓰나미의 최대 출력을 약 90퍼센트 줄일 수 있었을 거라는 결과가 나왔죠. 물론 맹그로브 숲도 쓰나미가 오면 파괴되죠. 하지만 역동적인 해안 환경에 맞게 진화해서 금방 재생됩니다. 즉 자동적으로 재생되는 쓰나미 보호 체계인 셈이죠. 맹그로브는 생긴 것도 너무나 멋집니다. 땅위로 뿌리가 드러나 있는 독특한 식물인데 제가 가장 좋아하는 습지 중 하나를 이루죠. 그 뿌리 사

이에 사는 게들은 그야말로 보물입니다.

또 있느냐고요? 습지는 뛰어난 탄소 저장고입니다. 2016년 발표된 연구 결과 미국 전역의 습지가 저장하고 있는 탄소의 양은 미국이 약 4년간 배출하는 탄소의 총량에 버금갔습니다. 특히 이탄지(peatland)의 탄소 저장 능력은 어마어마하죠. 지금의 기후 위기를 생각하면 그 중요성을 충분히 표현하는 것도 불가능합니다. 마지막으로 습지는 무려 10만 종에 달하는 생명체의 서식지입니다. 열대 우림이나 산호초에 비견될 정도의 생물 다양성을 갖췄으니 말 다 했죠. 네, 그렇습니다. 정말 말 다 했습니다. 이 외에도 많지만 더 열거하는 게 무슨 의미가 있겠습니까? 이중 한 가지만 있어도 그저 감사할 따름인데 더 추가하는 건 오히려 안 하느니만 못 한 행위입니다. 제가 왜 처음에 이런 내용부터 깔고 들어가지 않았는지 이제 이해하셨을 것으로 믿습니다.

그래서 이만하렵니다. 네, 오늘을 끝으로 「반쯤 잠긴 무대」 팟캐스트는 대단원의 막을 내리고자 합니다. 좀 갑작스럽나요? 지난 방송에 미리 살짝 공지하긴 했습니다만. 방송은 이것으로 마무리되지만, 마지막으로 딱 한 번 더 여러분에게 「반쯤 잠긴 무대」를 선보이고자 합니다. 실제로 만나서 얼굴 보면서 말이죠. 오프라인 자리를 한번 마련하고자 하니 시간이 된다면 꼭 참석해 주시길 부탁드립니다. 지금까지의 이야기들을 머리와 가슴에 품은 채 이번엔 습지를 예술적으로 바라보는 시도를 해 보려 합니다. 꼭 와 주실 거죠? 하하. 네, 그럼 저 물러갑니다. 그동안 여러분 덕분에 진심으로, 진심으로 행복했습니다. 감사합니다.

# 12장

살다 보면 정말 어쩌다가 그런 날이 온다. 인생이 살 만하다는 확신이 드는 날. 느낌 정도가 아니라 몸을 한가득 채우는 맑고 선명한 확신. 깊게 숨 쉬고 높은 하늘을 바라보았다. 지금껏 삶을 의심했던 스스로가 의아했다. 이렇게 긍정하기가 쉬운데. 그럴 수밖에 없는데. 새들은 노래하고 잎사귀는 살랑였다. 햇빛과 바람이 흥얼거리고 춤추었다. 소박한 생활들이 나타났다 감춰졌다. 세상이 이런데 그동안 무엇을 보고 있었나. 오늘 같은 날 지붕 아래 숨는 것은 못 할 짓이다. 나가자. 안보다 더 따뜻한 바깥으로.

모처럼 토요일 낮의 영광이 내게 돌아온 것이다. 너무 오래 맛보지 못해 영원히 잊힌 줄만 알았던 그 기분이 기적처럼 내 안에서 기지개를 켰다. 잠깐 이러다가 말겠지. 상관없다. 어차피 대부분의 시간은 망각 속으로 사라지고 인상적인 몇 개의 순간만 엮여 기억이 만들어지는 것 아니던가. 지나고 나면 완전하게 자취를 감출 것이 뻔한 나날만 통과하다, 오래도록 간직할 가능성이 높은 시간을 오랜만에 이렇게 인지하며 보내고 있는 것만으로 충분했다. 게다가 그냥 날씨와 기분만 좋은 것이 아니었다. 드디어 올 것이 오는 날이 오늘이었다. 지난 몇 주에 걸친 작업 끝에 만든 영상물을 상영하는 무척 고무적인 일정이 곧 잡혀 있었다. 대단한 시사회를 하는 것은 아니었다. 아마 사람도 얼마 없을 것이었다. 아무래도 좋았다. 이번에는 정말 작품을 대하는 자세로 진지하게 임했기에 사람들에게 선보이고 싶은 마음인 동시에 그들로부터 보호막이 쳐진 기분이었다. 작품과 충분히 동고동락하고 나니, 마치 사랑하는 사람이 생기면 나머지 세상이 흐릿해지듯 작품과 나란히 세상에 나가는 것 자체가 더 중요해졌다.

어디 보자. 목욕재계와 집안 정리를 기분 좋게 마쳤으니 이제 의상을 골라 볼까. 흠, 여전히 입고 갈 만한 옷은 없지만 그래도 어쩌겠어, 이 안에서 잘 맞춰 봐야지. 이럴 때를 대비해 뭐라도 장만해 놓을걸. 아니 무엇을 그리 신경 쓰나? 대충 입고 가지. 야, 오늘은 기분 좀 내 보자. 결혼식 간다고 차려입는 것도 아닌데. 주인공도 아닌 손님 모두가 힘줘서 빼입고 흥분해 있는 결혼식의 풍경이 난 민망하고 불편했다. 정장 일색인 것도 촌스럽고. 그런 데 쫓아다니면서 보낸 아까운 토요일들을 생각하면 아찔하다. 왜 이 좋은 날 잡생각이 스며드는 거지? 옳거니, 음악을 틀고 하자. 컴퓨터를 켠 김에 시간과 장소도 다시 한번 확인. 파일은 이미 보내 놓았으니 되었고. 그나저나 그 행사 제목을 보고 깜짝 놀랐다. 별일도 다 있지 정말.

이럴 때 세상 참 좁다고 하는 모양이다. 며칠 전 의뢰받은 작품을 다 완성했다고 그 환경 단체 담당자에게 연락을 했을 때의 일이다. 별다른 수정 요청이 거의 없는 것도 신기했지만, 상영회를 프로그램의 일부로 하는 전시회라면서 알려 준 이름을 보았을 때의 황당함이란! 행사의 이름과 내가 듣던 팟캐스트 제목이 똑같았던 것이다. 「반쯤 잠긴 무대」, 그러니까 그 방송의 진행자가 그 단체의 소속이었던 것이다. 여태껏 나는 그 방송을 들으면서 이 일을 하고 있었는데 두 개의 접점을 겨우 이제야 알게 되다니! 하여간 나도 참 둔하다니까. 하지만 바로 다음 순간 나는 그것이 사실

이 아님을 알았다. 어쩌면 지난 몇 주 내내 두 가지 흐름이 내 안에서 만나 이미 함께 흐르고 있었는지도 모른다. 어쩐지 팟캐스트의 마지막 회 이후에 올라온 공지를 보고, 느낌이 비슷한 것이 이상하다 했다.

> 안녕하세요. 「반쯤 잠긴 무대」입니다. 지난 방송에서 말씀드렸듯이 팟캐스트는 이제 마무리되었습니다. 지금까지 청취해 주신 여러분께 진심으로 감사드립니다. 하지만 이렇게만 인사하고 떠나려는 것은 아닙니다. 「반쯤 잠긴 무대」의 최종회는 오프라인 행사로 꾸며 여러분과 실제로 만나는 자리를 마련하고자 합니다. 그동안 얼굴도 못 본 채 이야기를 하다 보니 이런 자리가 필요하다는 생각이 자연스럽게 들더군요. 지금까지는 습지의 실체와 개성을 다양한 각도에서 조명했다면, 이번에는 습지를 바라보는 다양한 눈과 감성을 다룰 예정입니다. 다시 말해 습지의 미학이라고 해도 무방하겠습니다. 예술적 접근을 시도하는데 말로만 해서는 안 되겠죠. 그래서 본 행사에는 습지에 관한 전시가 함께 기획되었습니다. 습지의 멋과 미를 표현한 작품을 보고, 습지의 테마를 적극 도입한 음료를 바에서 마시고, 습지 생물을 위한 저

희의 보전 활동을 담은 영상도 감상하실 수 있습니다. 어때요, 올 만하다는 생각이 새록새록 들죠? 행사의 이름은 물론 '반쯤 잠긴 무대'입니다. 자세한 사항은 링크를 눌러 확인해 주시기 바랍니다. 그럼 그때 뵙겠습니다!

막판까지 밤샘 작업을 하지 않고 약간이나마 여유를 부릴 수 있었던 것은 그분이 출연에 응해 준 덕택이 크다. 제안할 당시에는 생각해 보고 알려 주겠다고 했지만 나는 암묵적 동의의 표정이 얼굴에 살짝 나타나는 것을 감지했었다. 아니나 다를까 며칠 지나지 않아 정확한 역할을 문의하면서 출연하겠다는 연락이 왔다. 만약 거절했다면? 뾰족한 차선책도 없었던 터라 아마 벼락치기로 대충 무마했겠지. 사실 아무 후배나 배우로 섭외할 수도 있었다. 그러나 기술의 문제가 아니라 느낌의 문제였다. 그 느낌에 있어서는 그분이 대체 불가능하다고 보았기에 결례를 무릅쓰고 제안한 것이다. 돌이켜 보면 맞는 판단이었다. 편집할 때 보니 화면에서도 그 느낌이 잘 살아났다. '똘망똘망'하되 어딘가 혼자만의 세계에 폭 잠겨 사는 듯한 '양서류성'이. 나만 느낀 것인지 아닌지는 나중에 알겠지.

비교적 단순한 배역이라 그분의 입장에서 어려울 것은 없었다. 앞부분은 어차피 촬영을 다 마친 상태였다. 시놉시스는 대략 이렇다. 모든 것이 순리대로 돌아가야 직성이 풀리는 주인공이 순리와는 정반대의 상황에 연거푸 처하면서 좌충우돌하는 스토리로 시작한다. 그는 쓸쓸한 마음을 달래러 한강변으로 가려 하지만 장애물이 너무 많아 도무지 갈 수 없다. 복잡한 아파트 단지에, 8차선 강변 도로에. 어스름이 깔릴 즈음에야 겨우 도착한 주인공. 노을을 감상하려다 쌩하고 지나가는 자전거에 치일 뻔한다. 입에 욕을 장전하고 자전거의 뒤에다 발사하려는 순간 길 저편에

풀썩 주저앉는 사람이 눈에 띈다. 혹시 다쳤나 궁금해서 가까이 가 보니 무언가를 손으로 감싸 쥔 여자가 있다. 영문을 묻자 개구리가 자전거에 깔릴까 봐 덮어 주었다는 대답이 돌아온다. 놓아두면 개구리가 어디로 가는지 같이 보기로 하고 강가 갈대밭까지 둘은 함께 걸어간다. 개구리가 시야에서 사라지자 남자가 묻는다. 근데 왜 이 개구리를 보호해 주었느냐고. 여자는 대답 대신 카메라를 향해 물끄러미 바라본다. 여기서 실제 개구리의 정면 샷과 오버랩. 약간의 간격을 두고 환경 단체에서 제공받은 자료 화면이 교차 편집되어 붙는다. 통로를 만드는 공사 현장의 모습과, 공사가 끝나고 완성된 통로를 이용해서 건너는 동물들을 포착한 CCTV 장면. 엔딩은 남자가 구청에다 전화해 집 앞에 횡단 보도를 좀 놓아 달라는 말을 하는 장면. 스토리라고 할 것도 별로 없지만 그래도 전형적인 홍보 영상 신세는 벗어난 것 같아서 제출했는데 예상 외로 수정해 달라는 것이 적어 안심했다. 너무 개인적인 느낌으로 끌고 갔나 걱정했는데 말이다. 제목이야 애초에 그쪽에서 붙이겠다고 했으니 내 소관이 아니었고.

일찍 도착한 줄 알았는데 현장은 이미 북적댔다. 마지막 현장 정리를 하며 분주하게 움직이는 스태프들 사이로 벌써 도착한 손님 몇 명이 천천히 배회했다. 약속한 시간에 맞춰 무언가를 하기 위해 전혀 다른 사람들이 이렇게 하나둘 수렴하는 현상은 언제나 신비롭다. 특히 생존에 필요하지 않은 이런 문화 행사는 더욱 그렇다. 소위 문화 생활을 마지막으로 한 것이 언제이던가? 생각도 나지를 않았다. 다른 동네의 전시장, 공연장까지 이동해야 비로소 문화를 누렸다고 표현하는 것은 웃기지만, 실제 생활 공간은 물론 이 세계를 잠시 벗어나게 해 주는 맛에 예전에는 그래도 종종 집을 나서곤 했다. 감상문을 써내야 해서 반강제로 가던 어릴 적에도 내심

즐거웠다. 나는 박물관이 가장 흥미로웠다. 바깥 세계에서는 가격표가 붙어 팔리고 있거나, 버려져 있거나 아무도 쳐다보지 않는 주변의 일부일 뿐인 물건이 여기에서만큼은 주인공으로 모셔진 모습이 와 닿았었다. 그렇게 모셔야 물건을 쳐다보는 사람들의 시선도.

"아, 잘 찾아 오셨네요. 안녕하셨어요? 영상은 저번에 보내 주신 파일 그대로 저쪽에 설치해 놨으니 이상이 없는지 한번 살펴보시겠어요? 다 점검하신 다음에 전체적으로 둘러보면서 구경하셔도 됩니다. 상영회는 박사님 강연 끝나고 시작할 거라 시간은 충분하거든요."

박사라 하면 그 목소리의 주인공인가 보다. 목소리와 어울리게 생겼는지 곧 보겠군. 그 박사가 하던 방송도 평범하지는 않던데, 비슷한 사람들이 만들어서 그런지 오늘 이 전시회의 풍경도 결코 흔히 보던 것은 아니었다. 보통은 전시물 하나씩 따로 감상할 수 있도록 아무것도 없는 흰 공간에 띄엄띄엄 놓던데 여기는 달랐다. 서로 걸치고 맞닿고 얽히고설킨 것이, 완전히 독립된 것이 어느 것 하나 없었다. 이러면 무엇이 작품이고 무엇이 그냥 장식인지 구별될까? 구별되지 않아도 상관없나? 게다가 무언가 더 있었다. 처음 들어섰을 때부터 어렴풋이 감지한, 보통 실내에서 잘 안 느껴지지만 마음을 편안하게 해 주는 무언가가. 아, 물이었다. 크고 작은 접시에, 유리병에, 항아리에, 양동이에, 쟁반에 물이 있었다. 입구가 넓은 용기에 담긴 물이 있는 공간, 의외로 보기 힘들다. 물이 있으려면 언제나 입구가 좁은 컵이나 찻잔, 뚜껑으로 막힌 병이나 주전자, 커 보았자 국그릇에 담겨야 한다. 그마저도 잠시. 누군가가 후루룩 하면 금세 사라진다. 넓게 열려 있는 용기에 담긴 물을 사람들은 불안해한다. 엎질러질지 모르니. 열린 물. 그것에는 신비한 힘이 있다.

전시의 제목이 불현듯 다시 눈에 들어왔다. "축축한 살롱: 습지 사교장으로의 초대". 무슨 의도인지 감이 왔다. 마음 같아서는 전시장 바닥을 물로 흥건하게 만들고 싶었겠지. 고집스러운 위생 관념과 건조함에 대한 우리의 집착만 없었다면 좋으련만. 아니야, 요즘은 무엇이든 다 전기로 작동되니 그 때문에라도 안 될 말이지. 엉뚱한 발상을 현실의 한계 내에서 최대한 구현해 보려는 시도에도 또 다른 재미가 있다. 그 덕분에 일렁이는 수면이 이곳에 이토록 많지 않은가! 그런데 살롱이라고 했겠다. 여기서 사교할 의지는 딱히 없지만, 무슨 이야기를 하려는 곳인지 알아보려는 마음까지 없진 않았다. 전시장 한편에는 푹신한 초록색 방석들이 이끼처럼 널려 있고, 그 위와 사이사이에 각종 물체가 놓여 있었다. 천장에서는 터키옥색 노방 천이 물줄기처럼 길게 내려와 바닥에 닿았다. 유난히 긴 전시 포스터를 눈으로 따라가니 그 끝이 물로 가득한 나무통에 폭 담겨 있었다. 물은 벌써 종이를 중간까지 기어오르며 헛된 탈출을 시도 중이었다. 누군가 전시장 곳곳을 돌며 분무기로 화분들을 촉촉하게 적시고 있었다. 그냥 말장난이 아니었다. 진짜 축축한 살롱이었다.

촉촉한 것과 축축한 것, 둘 중 하나를 고르라면 나는 후자이다. 둘 사이에는 물기의 차이가 있다. 살짝 젖은 것과 제법 흥건한 상태는 다르다. 하지만 그저 정도의 차이만 있는 것은 아니다. 촉촉함을 말할 때 물은 부수적이다. 주된 대상이 따로 있고, 물은 그 대상에 얹어진 무엇이다. 그럼으로써 물의 혜택을 누린 그 대상은 싱그럽고 건강해진다. 화장품 광고에 이 형용사가 그리도 자주 등장하는 이유이다. 그러나 축축함은 다르다. 여기서 물은 다른 매질과 동등하다. 축축한 땅은 흙과 물이 모두 주인공인 상태를 말한다. 완전한 수학적 균형은 아니더라도, 어느 하나가 다른 것에 부가적이거나 보조적이지 않다. 물이 어엿한 구성 물질로서 제 속성을 마음껏 발휘하는 상태를 묘사한다는 뜻에서 나는 축축함에 더 끌렸다. 바로 그 이유로 일상에서는 이 단어를 부정적으로 쓸 때가 더 많다. 아직도 안 마른 빨래를 두고 하는 푸념처럼. 인간은 그렇게 느끼도록 만들어진 생명체인지도 모른다. 하지만 수많은 생명체들은 우리와 다르다. 지금 눈앞에 펼쳐진 이 작품들이 한목소리로 말해 주고 있지 않은가!

공간 한가운데에 놓인 묵직하고 무척이나 긴 나무 탁자 위에는 보아

하니 이번 전시의 하이라이트가 자리 잡고 있었다. 이름하여 '축축한 교류장'이라는 이 코너는 자연의 다양한 습지와 그곳에 사는 동물들을 모형으로 보여 주고 있었다. 재미있는 점은 모두 접시나 화분 같은 데에 들어 있다는 점이었다. 물을 어디에 담을 수밖에 없다는 그 제한점을 흥미롭게 활용한 듯한데, 마치 『이상한 나라의 앨리스』에 나오는 토끼 굴처럼 다른 세상으로 넘나드는 출입구인 것만 같았다. 넓고 하얀 생선 접시에는 비버 한 마리가 도랑에 댐을 지으려고 나무를 갉아먹고 있었다. 뚜껑을 열어 한쪽에 걸쳐 놓은 근사하고 속 깊은 찜 요리 접시에는 물가로 나온 거위들이 풀밭을 거닐었다. 푸른 빛깔의 찻잔을 가득 채운 것은 차가 아닌 아프리카의 어느 습지. 식물 틈을 비집고 고개를 내민 하마 덕분에 알 수 있었다. 이국적인 야자수 그림으로 장식된 챙 넓은 접시는 딱 보니 해안가였다. 얕은 물의 모래사장을 핑크 플라밍고 두 마리가 우아한 자태로 거닐고 있었다. 가장 인상적인 것은 고라니. 나는 이 동물의 영어 이름이 'water deer', 즉 '물 사슴'인지 몰랐다. 개구리밥이 가득한 수면 위로 머리와 꼬리만 내밀고 무엇을 쳐다보느냐는 표정의 고라니가 유리잔 안에 꽉

차게 들어가 있었다. 진정 너는 물 사슴이로구나. 나는 물 사람인데.

웅성웅성. 저쪽에 몇 사람이 모여 있었다. 한 명 이상이 모여 같은 곳을 바라보고 있으면 왜 궁금해지는지. 막상 가 보면 별것도 아닐 텐데. 어라? 이건 좀 다르네? 그냥 보는 게 아니라 직접 해 볼 수 있는 게임이잖아? 이름도 「습지 대모험」. 고전적인 말판 게임인데 재미있게도 말을 물에 띄워 하는 것이란다. 하하 거참. 말은 네 가지 중에서 고르게 되어 있었다. 수달, 오리, 거북, 물고기 중에서. 엥? 이 조합, 결코 처음이 아닌데? 아! 카페에서 있었던 그 희한한 회의! 탁자에 모형들이 놓여 있었지. 그렇다면? 그 모형들이…… 얘네? 음…… 뇌에 물이 스며들었나, 정신이 혼미하네.

"한 잔 하시겠습니까? '늪 바' 지금부터 오픈입니다."

한 잔? 필요하지. 웬 '늪 바'인가 했는데 권하는 것으로 한 잔을 받아 보니 이해가 갔다. 초록색의 미도리, 흙탕물색의 베일리스, 모히토의 럼과 얼음이 만나 일으키는 느리고 진한 액체의 소용돌이. 눈으로만 보던 습지의 물을 들이켤 수 있는 절호의 기회였다.

"안녕하세요, 역시 오셨네요? 안 그래도 오기 전에 한번 연락드릴까 했는데."

"아…… 안녕하세요, 어떻게…… 전시 보러 오신 건가요?"

"저야 영상 보러 왔죠. 전시도 겸사겸사 보고요. 생애 첫 영상 출연인데 한번 봐야죠."

"아, 아. 잠시 안내 말씀 드리겠습니다. 지금부터 김산하 박사의 습지 토크, '반쯤 잠긴 무대'를 시작하겠습니다. 전시장에 계신 분들께서는 지금 의자가 배치된 무대 쪽으로 오셔서 착석해 주시면 대단히 감사하겠습니다."

# 무대 12

안녕하세요. 김산하라고 합니다. 이렇게 많은 분께서 오셔서 무척 반갑습니다. 사실 오늘은 저로서는 상당히 흥분되는 자리입니다. 사람은 자신의 열정을 남과 공유할 수 있을 때 굉장한 행복을 느낍니다. 특히 그것이 좀처럼 쉽게 공감을 얻기 어려운 것이라면 더욱 그렇습니다. 그런데 기대도 안 하고 강에 던진 돌이 한 번, 두 번 아니 여러 번 튀는 것처럼 기막힌 행운을 누리는 것만 같습니다. 오늘 이 자리에 계신 분들 중에서는 전시를 보러 오신 분들이 대부분이겠지만, 제가 그동안 해 온 팟캐스트의 청취자도 몇 분 계신 것으로 압니다. 마지막 회를 대신해서 이 토크를 하기로 했거든요. 정확히 몇 분이나 오셨는지 모르겠지만 그런 건 아무래도 좋습니다. 저는 그저 감사할 따름입니다.

오늘 이 전시도, 그동안 했던 방송도, 저도 줄곧 한 가지만을 이야기했습니다. 뭐죠? 네, 바로 습지입니다. 저는 습지에 감동하고 사랑에 빠진 나머지 그것을 주체하지 못해 이렇게 아무나 붙잡고 마음을 털어놓는 사람입니다. 그냥 좋다는 말로는 제대로 표현이 안 됩니다. 감정적인 이끌림이 강조되는 것도 원치 않습니다. 제게 습지는 고향이자 원시의 자연이자 야생의 극장이자 과학이자 우주이자 진리이자 예술이자 지나간 그리운 과거입니다. 이 정도면 있는 개념은 다 끄집어낸 것 같네요. 그렇게 보셔도 좋습니다. 저더러 유난스럽다고 할지 모르지만 저는 실은 우리 모두가 저와 비슷하다고 생각합니다. 폴란드의 시인 체스와프 미워시(Czesław Miłosz)가 이런 말을 했죠. “힘들 때 우리는 강가로 돌아온다.” 요즘에야 강변이 다 인공화하고 자칫하면 자전거나 인라인 스케이트에 치여서 좀 그렇지만, 강변을 찾는 마음은 아마 우리 모두 잘 알 것입니다. 바로 그것입니다. 인생의 짐과 군더더기를 털어 내고 진실을 오롯이 마주하고 싶을 때 찾는 곳, 그곳은 물가입니다. 다시 말해 습지입니다.

왜 그 상투적인 표현 있죠? 보고 있어도 그립다는. 저는 습지를 볼 때마다 정확히 이 감정을 느낍니다. 처음 보는 외국의 습지라 하더라도요. 물과 풀과 흙이 혼재하는 그 모습은 눈이라는 기관의 성능과 기능을 가장 완전하게 충족시켜 준다고 혼잣말로 중얼거립니다. 한 번 바라보는 것으로 들이켤 수 있는 양이 너무 적다는 것이 한탄스러워, 여기에서 저기로 각도를 바꿔 가며 바라봅니다. 보고 있다가 시간이 돼서 가야 할 때에는 마치 뭔가를 잘못하는 것 같습니다. 사랑하는 사람과 헤어질 때 차창 너머의 얼굴을 마지막으로 보려는데 괜히 꾸물대다가 못 볼 때처럼 말이죠. 하필 해가 뉘엿뉘엿 넘어갈 시간대라면 마음은 더욱 무겁습니다. 습지가 실루엣이 돼 밤으로 달아나기 전에 빼놓지 않고 마지막 인사를 건넵니다. 동시에 마음 한편에서는 익숙한 세상의 것이 아닌 상상력이 발동합니다. 내가 떠난 뒤 저 깊은 바닥으로부터, 저 빽빽한 갈대 사이로, 뭔가가 스멀스멀 나오겠지. 해와 인기척이 사라진 걸 감지한 숨은 생명체가 천천히 고개를 드는 걸 그리며 입꼬리가 올라가곤 했습니다.

단지 상상의 세계만은 아닙니다. 습지는 실제로 그러한 곳입니다. 엄청나게 많은 수의, 많은 양의 생명체가 살거나 의지하는 곳. 그런데 그 정도로 티가 나진 않는 곳. 그래서 쉽게 지나치고 쉽게 없어지는 곳이기도 합니다. 습지. 단어야 어디서 다들 들어 보셨을 것입니다. 오늘처럼 습지가 전면에 등장하면서 습지가 주제인 책, 영화, 캠페인, 작품 등은 본 적이 있으신지요? 네, 아마 거의 없을 것입니다. 부당하기 짝이 없는 일입니다. 그러면서 한편으로는 자연스러운 일이기도 합니다. 습지의 멋과 매력은 결코 평범하지 않기 때문입니다.

산과 바다, 숲과 들판에 가면 우리는 우선 지형을 마주하게 됩니다. 생명의 서식지이기 이전에 하나의 지리학적 경관으로 일단 인식한다는 뜻입니다. 경치 속으로 차츰 진입하면서, 환경에 맞게 감각 기관이 적응하면서 조금씩 생명계에 눈을 뜨게 됩니다. 때로는 들어가자마자, 때로는 한참이 지나야 그곳의 숨은 거주민을 만나거나 기척을 감지합니다. 물론 어디를 걸어도 주변에 있는 식물 또한 모두 생명체이지만, 동물인 우리로선 그들을 경관의 일부로 간주하는 오래된 습관이 있습니다. 요는 산에 가자마자, 바다를 보자마자 뭔가 살아 있음을 강하게 느끼지는 않는다는 것입니다. 일반적으로 말이죠. 자연의 아름다움과 위대함에 심취해 있다가 갑자기 무슨 소리가 들려 찾아보게 되는, 그런 식입니다. 오히려 사람들은 특별히 뭔가를 만나지 않을 것으로 생각하고 이런 곳을 찾습니다. 그러다 놀라곤 하죠.

하지만 습지는 다릅니다. 습지도 어엿한 지질학적 현상이자 경관의 구성 성분이지만, 습지에 다다르는 순간 가장 먼저 느껴지는 것은 그런 것이 아닙니다. 곧바로 오감을 때리는 것은 다름 아닌 생명입니다. 당장 보이는 건 아무것도 없어도 그 느낌은 유효합니다. 산길을 걸을 때 아무것도 보이지 않음은 아무것도 없음을 의미한다고 여기며 걷습니다. 물론 사실이 아니죠. 하지만 거칠게 말하면 맞는 말이기도 합니다. 저기 나를 둘러싼 소나무 줄기마다 뒤에 뭔가 숨어 있을 리는 만무합니다. 그러나 습지는 다릅니다. 그 어느 작고, 얕은 습지라도 그곳에는 뭔가가 있는 것만 같습니다. 아니, 확실합니다. 저기에 뭔가 꿈틀거리고 있는 게. 없을 리가 없다는 생각이 들 정도로 저곳은 생명체가 튀어나오게 생겼습니다. 어디, 손을 한번 넣어 보시겠어요? 아뇨! 겁나서 못 합니다. 알기 때문이죠. 함부로 뒤졌다가 무슨 깜짝 놀랄 일이 기다리고 있을지 모른다는 사실을 말입니다.

아일랜드의 시인 셰이머스 히니(Seamus Heaney)의 시 「어느 자연주의자의 죽음(Death of a Naturalist)」에 이 마음이 잘 드러납니다. 동네 어딘가에 축축하고 그늘진 습지를 탐험하다 개구리 알을 발견한 아이는 알을 병으로 떠서 학교에 가져와 관찰하고 개구리에 대해 배웁니다. 그러던 어느 날 그는 갑작스레 늘어난 개구리 떼를 같은 장소에서 발견합니다. 난생 처음 듣는 꺽꺽거리는 거친 소리, 진흙이 터져 나올 것만 같은 육체, 달팽이처럼 부풀었다 작아졌다 하는 목살. 아이는 그만 기겁해서 도망가고 맙니다. 손을 뻗었다간 알이 자기를 움켜쥘 것만 같아서 말이죠. 신비로움과 두려움이 교차하는 것, 그것이 생명의 세계입니다. 그리고 습지처럼 이를 잘 체화하는 곳은 없습니다. 실제로 아일랜드는 산성 습원 또는 수렁(bog)으로 분류되는 습지가 무척 많은 땅입니다. 국토의 6분의 1을 차지할 정도이니까요. 히니는 「소택지(Bogland)」라는 시에서 이렇게 말합니다. "땅 자체는 일종의 검은 버터 …… 젖은 핵심부는 깊이가 끝도 없다." 그는 습지가 무엇인지 잘 아는 사람 같습니다.

아이가 놀라 도망간 이유는 감당할 수 없어서입니다. 뭔가 너무하다고 느낀 것이죠. 알을 살포시 떠서 유리병에 넣고 학교 선반에 예쁘게 놓고 볼 때까지는 좋았는데, 습지가 진면목을 보여 주기 시작하자 그 밀려오는 생명력을 어찌할지 몰랐을 것입니다. 그렇다면 역설적이지 않나요? 애초에 살아 숨 쉬기 때문에 끌리고 도취돼 찾은 대상인데, 그 대상이 '너무' 살아 있으면 징그럽게 느껴지는 현상이? 그렇습니다. 생명의 용솟음침은 기본적으로 이해하기도 범접하기도 어려운 신비로운 힘입니다. 다른 무엇보다 가능성을 의미하기 때문입니다. 무에서 유로 닿는 교량을 만드는, 뭔가를 생성시키는 힘은 어디로 어떻게 뻗어 나갈지 모릅니다. 어떤 엄청난 돌연변이가 나올지, 어떤 희한한 교잡이 시도될지. 그 가능성 덕에 우리가 있고, 우리의 경외와 두려움도 있습니다. 그것이 습지의 의미이자 미학입

니다.

요즘 사람들은 자연에 대해 경기를 일으키며 놀라거나 무서워하는 반응이 가장 자연스러운, 아니 심지어는 가장 정당한 반응인 것처럼 행동합니다. 작은 벌레 하나가 날아 들어오면 그 벌레보다 덩치가 수백 배 큰데도 허겁지겁 당황하는 걸 자랑쯤으로 여기는 듯 말이죠. 모든 위험이 싹 제거돼야, 그때야 비로소 받아들일 수 있는 것처럼 구는데 그런 자연은 더 이상 자연이 아닙니다. 자연의 아름다움과 혜택 못지않게 자연의 예측 불허함과 위험함에 동등한 위상을 부여하고, 그 총체를 얼싸안을 수는 없는 것인가요? 습지는 자연 중에서도 많은 누명을 쓴 억울한 자연입니다. 더럽고 건강치 못한 것들을 생산하는 근원처럼 말이죠. 독일의 행위 예술가 요제프 보이스(Joseph Beuys)는 이런 편견에 반기를 들고 1971년에 「늪 행동(Bog Action)」이라는 작품을 선보입니다. 습지 중에서도 부정적 이미지에 시달리는 이 수렁에 직접 뛰어들어 수영하는 사진이 참으로 인상적입니다. 아무도 들어가려 하지 않는 그 뿌연 갈색 물속에 몸소 들어간 그는 "습지가 유럽 대지의 가장 활기 넘치는 요소"라고 말합니다.

습지가 생명력과 생명의 원천을 상징한다면 예술적 영감이 되는 것도 당연합니다. 더 많은 예술가가 이에 천착하지 않는 게 이상할 뿐이죠. 영국 스코틀랜드 출신의 예술가 글렌 온윈(Glen Onwin)은 일찍이 스코틀랜드 에든버러 인근의 염생 습지에 '꽂혔던' 사람입니다. 물질의 순환에 관심이 많았던 그는 습지에서 벌어지는 분해와 부패 그리고 생성의 원리를 발견하고 이를 작품 세계에 십분 활용했습니다. 그가 1991년에 발표한 설치 작품 「니그레도, 버려지게 놔두다(Nigredo, Laid to Waste)」는 스코틀랜드 습지의 한 가지 차원을 포착해 놓은 듯합니다. 자연물을 갖고 자연 상태에서 작업하기로 유명한 조각가 앤디 골드워시(Andy Goldsworthy)는 본격적으로 습지를 탐구하진 않았지만, 「스톰킹 벽(Storm King Wall)」이라는 작품이 보여 주는 궤적과 템포, 흐름은 습지의 생리와 정확히 맞닿은 것임을 알 수 있습니다. 이 작품의 별칭이 "산책을 나간 벽"이라 하는데, 나무마다 빙그르르 둘러 가고 강에 들어갔다 다시 나온 벽의 산책로가 바로 습지입니다.

이런 이야기를 쭉 듣다 보면 이런저런 작품이 생각나는 분들도 계실 것입니다. 혹시 또 어떤 습지 예술 작품이 떠올랐는지요? 네, 아무도 그를 습지 화가라고 부르지 않지만 알고 보면 그리 불려도 마땅한 사람이 있죠. 바로 클로드 모네(Claude Monet)입니다. 그의 「수련(Les Nymphéas)」 연작은 별다른 설명이 필요하지 않죠. 하지만 제가 콕 집어 습지 화가로서 언급하고 싶은 사람은 실은 모네가 아닙니다. 뭐랄까요, 모네의 그림은 무척 아름답지만 수련과 수면의 미학적 효과에 집중한 나머지 오히려 습지 자체는 화폭에서 빠진 느낌이 듭니다. 여기에 등장하는 자연은 야생보단 잘 가꾼 정원에 가깝죠. 물론 요즘 정원이나 공원에 비하면 무척 훌륭하지만요. 실제로 그의 지베르니 정원이 그림의 모델이 되었고요. 대신에 제가 소개하고 싶은 작가는 모네보다는 습지 본연의 미학을 좀 더 충실히 이끌어낸 사람입니다.

바로 영국의 화가 존 컨스터블(John Constable)입니다. 그도 일부러 습지를 골라 그리는 사람은 아니었습니다. 영국의 전원 풍경을 전문적으로 그린 화가로 알려져 있죠. 그런데 그의 주요 작품들을 보면 거의 십중팔구 어딘가에는 연못이, 강둑이, 실개천이 때로는 전면에, 때로는 숨은 그림 찾기처럼 모습을 드러냅니다. 그의 고향인 잉글랜드 동부 서포크에

존 컨스터블,
「건초 수레」(1821년).

존 컨스터블,
「데덤 골짜기」
(1828년).

는 실제로 '더 브로즈(The Broads)'라 불리는 습지가 있는데, 이 습지는 람사르에 등록된 중요한 서식지입니다. 물론 당시 그는 그런 건 추호도 모른 채 이젤과 물감을 들고 동네를 누볐겠죠. 그가 그린 대상은 주로 농촌 사람들과 그들의 삶이었습니다. 주제만 보면 그런 그림은 많죠. 하지만 희한한 건 그 삶 중에서도 습지의 물과 얽힌 모습을 그가 유독 그리기 좋아했다는 점입니다.

컨스터블의 대표작 중 하나인 「건초 수레(The Hay Wain)」는 수레와 말 모두 적어도 무릎까지 잠기는 깊이의 물속을 헤치며 힘겹게 나가고 있는 모습을 그리고 있습니다. 모처럼 구경할 거리가 생긴 개 한 마리가 그 광경을 몹시 궁금해 하는 것으로 보이지만, 젖을까 봐 물가에서 응시합니다. 하늘은 높고 바람은 살랑입니다. 수레바퀴의 덜커덕 소리, 물의 첨벙첨벙 소리만 대지의 평화로움을 조용히 가르는 것만 같습니다. 저는 개인적으로 그가 살았던 서포크의 이스트버골트에 들를 기회가 있었답니다. 컨스터블의 아버지가 소유했던 플랫퍼드 방앗간 주변의 물길이 그의 작품에 자주 등장하는데, 그 지역의 습지를 채우는 스투어 강은 여전히 유유히 흐르고 있었습니다. "그림은 느낌을 뜻하는 또 하나의 단어이다. 나의 '세상 걱정 하나 없던 어린 시절'은 스투어 강변에 있는 모든 것과 관련된다. 그 장면들이 나를 화가로 만들어 주었다." 컨스터블은 이렇게 회고합니다. 「옥수수 밭(The Cornfield)」에서 시냇물에 머리를 처박고 물을 마시는 소년은 그가 아니겠지만 그로 보일 수밖에 없습니다. 저더러 그의 그림 중에서 몇 점을 고르라면 저는 사람이 전혀 등장하지 않는 「솔즈베리 옆 강가 목초지(Water Meadows Near Salisbury)」나 「데덤 골짜기(The Vale of Dedham)」로 했을 것입니다. 자연만으로 충분하고 충만한 그 차분한 시선이 참 좋습니다.

그런데 사실 이런 정식 '예술' 장르보다는 글이 그림과 함께 등장하는 책이 저는 제일 좋습니다. 차분한 시선으로 습지와 생명의 이야기를 소박하고 담담하게 전달하는 작품에 강하게 이끌린다고 할까요? 유리 슐레비츠(Uri Shulevitz)의 『새벽(*Dawn*)』(강무홍 옮김, 시공주니어, 1994년)처럼 말이죠. 습지의 섬세한 미학이 거의 동양적 감성으로 그려진 걸 발견하실 것입니다. 또한 특히 습지의 동물이 주인공이고, 그들의 있는 그대로의 삶이 줄거리인 게 습지 작품의 정수라고 생각합니다. 이런 조건이 전부 충족되는 경우는 대부분 아이들을 위한 책입니다. 1970년대에 미국에서 나온 아널드 로벨(Arnold Lobel)의 『개구리와 두꺼비는 친구(*Frogs and Toads Are Friends*)』(엄혜숙 옮김, 비룡소, 1996년)는 초록색과 갈색의 톤으로만 그려진 두 동물의 습지 우정을 잘 표현하고 있습니다. 훨씬 유명한 케네스 그레이엄(Kenneth Grahame)이 20세기 초 영국에서 쓴 『버드나무에 부는 바람(*The Wind in the Willows*)』(원재길 옮김, 살림어린이, 2010년)도 좋지만, 습지 본연의 맛에 더 충실한 건 전자라고 봅니다. 이들이 동물을 의인화한 사례라면, 야생 상태의 습지 동물을 그대로 주인공으로 모

유리 슐레비츠, 『새벽』

신 훌륭한 책도 있습니다. 헨리 윌리엄슨(Henry Williamson)은 각각 연어와 수달을 주인공으로 한 전지적 작가 시점의 소설을 쓰기도 했죠. 또 제가 보물처럼 간직하고 있는 오래된 책이 하나 있는데, 무려 1947년 프랑스에서 출판된 『물총새(*Martin-Pêcheur*)』라는 어린이 책입니다. 이 책은 리다 두르디코바(Lida Durdikova)가 글을 쓰고 표도르 로잔콥스키(Feodor Rojankovsky)가 그림을 그렸습니다. 어느 물총새 부부의 삶과 죽음을 잔잔하게 담았는데 정말 말 그대로 요즘 시대의 감성이 아닙니다. 오늘 여건만 허락되었다면 이 책 한 권만 이야기해도 시간이 모자랐을 것입니다.

이런 이야기는 이쯤 하겠습니다. 여기가 아무리 살롱이라지만 예술에 심취한 나머지 그 예술이 이야기하는 대상으로부터 점점 멀어지는 우를 범하지 않으렵니다. 남다른 감각을 지닌 사람이 남다르게 포착하고 표현한 결과로서의 작품은 그 자체로 무척 소중합니다. 그러나 거기에 국한되거나 머물 필요는 없습니다. 사물을 색다르게 바라보게 해 주는 렌즈는 끼는 것도 좋지만 동시에 벗어 놓을 줄도 알아야 합니다. 티머시 모턴(Timothy Morton)의 말처럼 "그 어떤 접근법으로도 대상의 특질과 특성을 완전하게 다 경험할 수 없기" 때문입니다. 저 사람의 방식대로 하면 이것이 좋지만 저것이 빠지고, 이 사람의 방식대로 하면 저것이 포함되는 대신 이것이 누락됩니다. 그런 의미에서 제가 「반쯤 잠긴 무대」에서 해 드리는 이야기도 한 귀로 듣고 다른 귀로 흘려 주십시오. 네, 바로 그것입니다. 흘려듣기. 그럼 여러분 하나하나가 사람 습지가 되는 것입니다. 흘러 들어왔다 다시 흘러 나가는 것 사이에 있는, 잠시 동안의 머무름.

궁극적으로 하려는 말은 단순합니다. 반쯤 잠기고 반쯤 드러난, 생명과 죽음이 서로 용해되는, 섬세하고 풍요로우며 뿌옇고 불가해한, 유동적지성과 역동적 감성을 상징하는. 이 모든 것과 그 이상인. 습지. 습지를 온 마음을 다해 사랑한다는 것입니다. 그것이 널리 전해지고 언젠가 깊이 공감되길 바라는 마음도 함께 품습니다. 차마 꿈엔들 잊을 수 없는 그곳. 정지용의 시구 그대로 "넓은 벌 동쪽 끝으로, 옛 이야기 지줄대는, 실개천이 휘돌아나가는 곳"입니다. 네, 그곳이 바로 습지입니다.

언젠가부터 제 말과 글조차 습지를 닮아 가더군요. 다분히 액체적인 표현이 입에 붙어 버렸답니다. 듣자 하니 버지니아 울프(Virginia Woolf)의 문체도 그랬답니다. 결국 스스로 물에 빠져 생을 마감한 울프처럼 저도 언젠가 마지막 숨을 내쉰 다음에는 흙보다는 습지로 돌아가고 싶다는 마음입니다. 북아메리카 원주민 라코타 족의 언어로 물은 '므니(Mni)'라고 합니다. 허나 그건 억지로 단순 번역한 것이고 원래 이 단어의 의미는 '살아 있는 것들의 느낌을 연결하는 것'이라고, 티오카신 고스트호스라는 라코타 족 사람으로부터 우연한 기회에 직접 들은 기억이 납니다. 어떤가요? 저와, 습지와 연결되었나요?

안 나오던 음악이 들리시죠? 끝날 때가 되었다는 신호입니다. 지금 흘러나오는 곡은 유명한 뉴에이지 피아니스트 조지 윈스턴(George Winston)의 「습지의 외침(The Cries of the Wetlands)」입니다. 앨범 「디셈버(December)」를 아는 분들은 많지만 그가 미국 루이지애나 주의 습지를 기리며 2012년에 발간한 앨범 「걸프코스트 블루스 앤드 임프레션스(Gulf Coast Blues & Impressions)」는 잘 알려져 있지 않습니다. 두서없는 말 여기서 마무리하겠습니다. 하지만 자리를 떠나진 마십시오. 제 토크가 끝난 후 오늘 이 자리를 위해 만들어진 영상 작품이 상영됩니다. 저희가 그동안 해 온 습지 보전 활동도 영상에 포함돼 있지만, 한마디로 하면 습지와 삶이 둘이 아닌 사람들에 관한 것입니다. 바로 저 같은 사람이겠죠. 여러분 각자는 어떤지 자문해 보시면 좋겠습니다. 제목을 보면 바로 느낌이 올 것입니다. 그럼 큰 박수로 맞이해 주십시오. 여러분께 소개합니다.

「습지주의자」!

# 에필로그

그래, 오늘이야. 오늘 가야겠다. 결정했어. 아까 일어나자마자. 딱 감이 왔잖아. 갑자기. 똑같은 연못에서 똑같이 눈을 떴는데 이제 때가 되었다는 느낌이 오네. 혹시 몰라 물에 한번 들어갔다 나왔는데도 계속 그 기분이 들잖아. 밤새 같이 울던 애들은 하나도 안 보이고, 평소보다 조용하고 평화로운 게 바로 이 때문인 것 같다.

언젠가 가긴 가야 할 것 같단 생각은 쭉 들었는데. 그런데 그냥 미뤄 뒀지 뭐. 특별한 이유도 없이. 원래 있던 대로 계속 있는 거야 특별한 이유가 필요 없잖아. 하지만 떠날 때는 필요하더라. 나만 그런가? 물어 볼 상대도 없고, 쩝. 다들 어디 갔는지 아무도 안 보이고, 한번 떠난 애들은 돌아온 적이 없으니.

그래도 가긴 가야 해. 느낌이 오니까. 사실 저쪽에서 무척 강하게 왔어. 이 축축한 냄새. 예전에도 안 난 건 아니었는데 오늘은 본격적으로 나네. 막힌 데가 뚫린 것처럼. 이 정도로 피부에 와 닿는 걸 보니 이번엔 제대로야. 그래, 가자. 아침 식사도 못 했지만. 저쪽에서 먹지 뭐. 간밤에 귀뚜라미라도 요기를 해서 다행이다.

으쌰, 그럼 잘 있어라. 나는 간다. 저쪽에서 볼 수 있으면 보자고. 폴짝. 폴짝. 폴짝.

우르릉 쾅쾅! 아 이거구나! 넌지시 이야기만 들었는데. 천둥 치는 검은 강 같은 게 있다고. 물론 가려다 돌아온 놈들만 하던 이야기이지. 건너려고 한 애들은 대체 어떻게 된 건지 알 수가 있나. 가만있자, 대체 어떻게 가야 하나? 나 원 참. 이런 구조는 난생 처음이네…….

오호라 이게 뭐다냐? 이런 구멍이 있다고는 아무도 말 안 하던데? 새로 생겼나? 분위기가 어째 좀 으스스한데 별일 없겠지. 근데 여기서 물 냄새가 제대로 나네. 여기네, 여기.

폴짝. 폴짝. 폴짝. 갈 만하네. 꼬르륵. 좀만 참자. 물가에 가야 제대로 밥을 먹지. 중간에서 괜히 이상한 거 간식하지 말자고. 근데 천둥 치는 소리가 들리긴 하는데. 바로 머리 위에서 나는 거 같은데 다행히 좀 먼 것 같다. 다들 괜히 호들갑 떨고 그래.

아이고, 이제 다 왔네. 생각보다 길다 좀. 어디 보자, 여기서부터 어느 쪽으로 가나……. 에구머니나! 웬 사람이 저렇게 많아? 이 동네에는 보통 잘 없는데? 하여튼 재수도 오지게 없다니까. 볼 거 없어. 그냥 빨리 가자. 팔짝, 팔짝, 팔짝.

여러분 첫 개구리가 발견되었습니다! 밤이나 되어야 사용할 줄 알았는데 저희가 엄청 운이 좋네요! 이렇게 낮에 보게 되다뇨! 생태 통로가 정말 기능을 하고 있습니다. 참가자 여러분도 직접 눈으로 보시니 훨씬 감이 오시죠? 자 우리 박수 한번 칠까요? 박수!

어이쿠 시끄러워라. 뭘 보고 저렇게 난리인지. 설마 나는 못 봤겠지? 내가 좀 빠르긴 빠른 편이지 흐흐. 근데 나 잘 찾은 것 같아. 점점 가까워져 온다. 우리 연못하고는 차원이 다른 냄새야. 오메 오래 살고 봐야지. 저 둔덕 바로 뒤인 것 같다. 좀만 힘을 내자!

와.

와.

어머니 아버지. 저 이렇게 좋은 데로 잘 찾아왔어요. 보시면 좋아하셨을 텐데.

와.

크기가 비교도 안 되게 크다. 풀도 엄청 많아. 바위나 이끼 같은 것도. 연못에서는 저런 데 하나 차지하려고 맨날 눈치 봐야 했는데. 여긴 아주 널렸네, 널렸어. 안 되겠어. 한 바퀴 돌아야겠어. 어차피 좀 지낼 곳도 찾아봐야 하고.

쉬익! 하마터면 큰일 날 뻔했다! 백로가 그렇게 가까이 있을 줄이야. 풀이 무성해서 낌새도 못 차렸네. 음 여기는 이게 문제이구나. 워낙 크니까 새랑 다른 동물도 많은 거야. 연못 시절 생각하면 큰 뒷다리 다치겠어.

근데 어쩌겠어. 계속 연못에 있을 수도 없잖아. 나도 내 집 찾고 내 짝도 찾아야지. 더 넓은 세상으로 가면 위험한 것도 더 많겠지. 그나저나 다른 애들은 다 어디에 있나? 왠지 저쪽에 가면 좀 만날 것 같기도 하다. 애들 좋아하는 거 뻔하니까.

여기는 또 색다르네. 아니 저렇게 큰 식물은 뭐지? 엄청나다, 엄청나!

너무 높아서 꼭대기가 보이지도 않잖아? 와, 오늘 이것저것 엄청 많이 본다. 위로 쭉 올라갔다가 다시 쭉 내려와서 거의 물에 닿고 있어. 나중에 물로 나가서 다시 한번 봐야겠다.

여기가 제가 혼자서 찾아온 데예요. 그냥 무작정 차 몰고 나갔는데 어떻게 가다 보니 나오더라고요. 말도 안 되게 운이 좋았던 것이죠.

깜짝이야. 아 나 젠장. 여기 또 사람이 있네. 아까부터 일진이 왜 이러냐. 참 아니지. 이렇게 좋은 데에 왔는데 운이 나쁘다고 하면 안 되지. 게다가 딱 두 명밖에 없네. 이 정도면 괜찮아. 쟤네가 괜찮은 사람이면. 연못에 맨날 오던 그런 사람들 같지만 않으면 말이야.

여기 처음 보고 무슨 생각을 했어요?

날름. 오케이 한 마리. 아, 이제 좀 살 것 같다. 하긴 아까부터 많이 다니긴 했어. 아이고, 다리야. 오늘은 여기서 쉬는 걸로 하자. 쟤네, 계속 있진 않겠지?

딱 보고선 무대라고 생각했어요. 자연 무대. 양옆 버드나무까지 그렇게 보이잖아요?

지금도 그렇게 보이나요? 이렇게 다시 와서 보니까.

아, 편안하다. 진흙이랑 풀이랑 딱 좋아. 내일은 저쪽으로 한 바퀴도…… 돌…… 쿨쿨.

네. 그런데 다시 보니 이런 생각도 들어요. 좀 거창하게 들릴지 모르지만. 제 영혼이, 여기로 흐르는 것 같아요. 하하, 딱 그 제목대로네요.

# 참고 문헌


## 전체

Keddy, Paul A. (2nd Ed.). (2010). *Wetland Ecology: Principles and Conservation*. Cambridge: Cambridge University Press.

## 무대 2

람사르 웹사이트 https://www.ramsar.org/.

https://en.wikipedia.org/wiki/Lake_Baikal.

## 무대 4

Yarham, Robert. (2010). *How to Read the Landscape*. London: Bloomsbury Visual Arts.

## 무대 5

Keddy, Paul A. (2010). 앞의 책.

## 무대 6

Batzer, D. P., & Wissinger, S. A. (1996). Ecology of insect communities in nontidal wetlands. *Annual Review of Entomology*, 41(1), 75-100.

Batzer, D. P., Cooper, R., & Wissinger, S. A. (2006). Wetland animal ecology. *Ecology of Freshwater and Estuarine Wetlands*. Berkeley, CA: University of California Press, 242-284.

무대 7

김대성. 「제주도롱뇽 산란시기 빨라졌다」. 《뉴스제주》. 2010.2.1. (https://www.newsjeju.net/news/articleView.html?idxno=28628)

김재옥, 신현상, 유지현, 이승헌, 장규상, & 김범철. (2011). 「논 중간 낙수기에 미꾸라지 피난처로서 둠벙의 기능 평가」. 『한국환경농학회지』, 한국환경농학회, 30(1), 37-42.

한상순. (2014). 「할아버지의 둠벙」, 『병원에 온 비둘기』. 푸른사상.

Blake, William. (1994). Auguries of Innocence. *Blake*. London: Everyman's Library.

Gibbs, J. P. (1993). Importance of small wetlands for the persistence of local populations of wetland-associated animals. *Wetlands*, 13(1), 25-31.

A Reader's Digest Selection. (1986). *The World Of Still Water*. The Reader's Digest Association Limited. London.

Semlitsch, R. D., & Bodie, J. R. (1998). Are small, isolated wetlands expendable?. *Conservation Biology*, 12(5), 1129-1133.

무대 8

Cummings, D., Dalrymple, R., Choi, K., & Jin, J. (2015). *The Tide-dominated Han River Delta, Korea: Geomorphology, Sedimentology, and Stratigraphic Architecture*. Elsevier. p.16.

무대 9

김귀곤. (2003). 『습지와 환경』. 아카데미서적.

Hungerford, Margaret Wolfe. (1878). *Molly Bawn*.

10장

Lévi-Strauss, Claude. (1962). *Le Totémisme Aujourd'hui*, Paris: Presses Universitaires de France. (류재화 옮김, 『오늘날의 토테미즘』, 문학과지성사, 2012년)

무대10

hetta. (2014, September 25). Swamps and bogs in '80s films and medieval literature. *the Artifice*. https://the-artifice.com/swamps-bogs-1980s-films-medieval-literature/.

https://en.wikipedia.org/wiki/Swamp_Thing.

무대11

Dahdouh-Guebas, Farid & Koedam, Nico. (2006). Coastal vegetation and the Asian tsunami. *Science*. 311. 37-8; author reply 37. 10.1126/science.311.5757.37.

Kenyon College. (2017, February 2). Wetlands play vital role in carbon storage, study finds. *phys.org*. https://phys.org/news/2017-02-wetlands-vital-role-carbon-storage.html.

World Wildlife Fund. (2005, October 28). Mangroves shielded communities against tsunami. *ScienceDaily*. www.sciencedaily.com/releases/2005/10/051028141252.htm.

무대12

Heaney, Seamus. (1969). Death of a Naturalist. *Death of a Naturalist*. London: Faber and Faber.

Kemp, Martin. (2004). *Visualizations: The Nature Book of Art and Science*. Berkeley, CA: University of California Press.

Laing, Olivia. (2011). *To The River*. Edinburgh: Canongate Books.

Morton, Timothy. (2018). *Being Ecological*. London: Pelican Books, Penguin Random House.

Vaughan, William. (2002). *John Constable*. London: Tate Publishing.

Weintraub, Linda. (2012). *To Life!: Eco Art in Pursuit of a Sustain-able Planet*. Berkeley, CA: University of California Press.

# 도판 저작권

아래 표기된 사진들 이외의 모든 사진은 저자에게 저작권이 있음을 밝힙니다.
저자에게 저작권이 있는 사진 가운데 상당수는 박규리 님께서 촬영에
많은 도움을 주셨습니다.

23쪽(아래), 202쪽 ⓒ 안선영.

125쪽, 214쪽, 221쪽, 233쪽 아래 ⓒ 이상미.

140쪽, 166~167쪽, 173쪽, 220쪽 ⓒ 장수진.

194쪽 ⓒ Nikos Daskalakis.

280쪽, 282~285쪽, 301쪽에 실린 전시 사진과 「12장」의 내용은 생명 다양성 재단과 숨도가 공동 기획한 '축축한 살롱: 습지 사교장으로의 초대'에서 발췌한 것입니다.

298쪽 ⓒ Uri Shulevitz.

습지주의자

1판 1쇄 찍음 2019년 11월 15일
1판 1쇄 펴냄 2019년 11월 30일

지은이 김산하
펴낸이 박상준
펴낸곳 (주)사이언스북스

출판등록 1997. 3. 24.(제16-1444호)
(06027) 서울시 강남구 도산대로1길 62
대표전화 515-2000, 팩시밀리 515-2007
편집부 517-4263, 팩시밀리 514-2329
www.sciencebooks.co.kr



ISBN 979-11-90403-10-8 03400